INTRODUCTION

Welcome to the captivating realm of Sudoku puzzles! In this book, you will embark on a journey that challenges your mind, sharpens your logic, and ignites your problem-solving skills.

Each puzzle consists of a 9x9 grid, divided into smaller 3x3 squares. The objective is to fill every empty cell in the grid with a single number, from 1 to 9, in a way that each row, column and 3x3 square must contain every number from 1 to 9, without repetition.

Solutions are at the back of the book for reference.

#1

					4	3	2	6
	9			1				
	3		7		8		1	
5	2		1			6	8	3
8						2	4	
4	6	3	5	8	2	7		
	5	6		2			3	
		2	6	9	1			7
7	4	1						

#2

					9			
2		8	4	3	5			
		4	7	6		8	9	
	8				1	3		
	3	1					2	5
9		5	3		6	1	7	
8		2		1		5	3	
1	4	9		7		6	8	
				2			4	

#3

		4	1					
		8	2	4		6	3	
2	6		9	8				
4					8	2	1	7
					6		5	
	1	9	4		2	3	8	6
		1			9		6	4
			6	3				8
6	4		8	5			7	

#4

			2		3			7
	3	2	7	1				
4	7	1	8	6		2		3
1	2			5	7			
9	8				6		2	
	4	5	9		8			6
	5		3				7	2
	1				4		9	5
						6	4	

#5

		2					6	
		1	7	8	6	4		
	6				5	9		8
3			2				8	
5		6	8		9	2		1
		9	1			5	4	
6	3	8	9	7	2			
2	7					3		
	9			4				7

#6

7	5				4		2	
			3	5	9			8
1	9		2	6	7	4		3
6						2	9	7
					2	6		
	1			4			8	5
	8			1	5	7	6	
	7		6					4
		2	4				1	9

#7

		1	4		2			
		9	6			1	2	8
		7	8		9		4	6
		3		9	8			
7	4		5				1	2
	9	6	1	2				3
		2			6	5		4
	7	4		8	5		3	
8		5						7

#8

7	2	1	6	9			8	
		5	2					
	8		5		1			
4	3	2	8		7		1	5
5	9		4			3	7	6
				5				
	6	3	7		5		2	
			9		3	6		4
					6			7

#9

			1		9	8	7	
		8	7		6			3
	6	3		2		1	4	
		6	2	9			1	5
				1	5	6	3	
4		1		6			9	
		9					2	7
2		5		8		9		
	3				2	5	8	

#10

		2	9		8	7		5
		7		4	1		6	2
	5		6			1		8
	4			5	2			3
			3	8	4			9
			1		6	5		4
	2			7	3			
	9	4	2	1		3	8	7
7		8	4			2		

#11

8					5	2	7	
	5				8		1	
		3		2			9	5
			5		9	1	8	2
5	8					3		
1		9	4				5	
7	4		6			9	2	8
3	9		8		2			
2	6	8		4				

#12

5		7		4	3	6		
	6	4				3	7	
		8		7	6	4		5
		9	6			8		
	4	3	1				5	7
		2			5			
4			5					8
		6	7	2		5		
	7	5	3				4	6

#13

9					4		8	5
5			6	1			3	
	7					6	2	4
3	9					2		6
8		4	2	9		5		
		5	4		6	9	1	
4		3	9					1
		9						
6	1	7		4		3		

#14

5	8	9						
4	3		1				6	
2					7			
							5	9
	5	4	7					6
6		1	5			4		8
	4		8		5		9	
7	6	5		1	4	2		3
		3	2	7		5		1

#15

3		1	2	8	4			5
	6			1				
	7				3			
	4		1	5	2			8
	5	3		7		6		
8		7		3			5	
9				2	8	4		
		5	6				3	2
7				9	1	5	8	6

#16

	5	3			4		7	
			8		7		5	
6	8		5			9		
		8	4	1			9	
3	4	5						
	9			5	6		8	
	3			6				7
1		9				4	3	6
5	7		1	4			2	9

#17

	4	2	6	5	8	1	3	
	8							
				3	2		5	7
		6			5		1	8
								4
		4	8	2	1	6	9	5
	9		3		6			1
4	1		2	8	9		6	
	3	7	5		4	9		2

#18

4	7				8	2	3	9
	8			4			7	
	9			3		4		6
				5				
9	1	5	4		2			7
8	3	4		9	6	1	2	
7			8					
3					4			
			3	2	5		4	8

#19

3		6		8		9		
	4	8	7	6		3		1
	7	9			3	6		2
8			4	3	6	5		
6	2		8	5			4	9
4								
		2			5		1	
		5	9		4	7		8
	6		3					5

#20

		3		7			9	8
8		5		1	2			4
		9		3		6		
		1	3		5			2
	8	6	2		9	3		
			7		1	9	5	
		8		2				9
	1		4					
	4	7		5	8	2	1	

#21

			6		5	9		1
	1			8	9			
		9	2		1		6	
	5		4		8			
		8		3		6		
	2	3	5	9		8		
4		1		2	7		5	
3	9	5		6	4	2	7	
		2			3		4	6

#22

7	4	5	9	6			8	1
	1					9	7	6
	9	6	8		1		3	5
1	3			4		8		
9	8		1		7			
		4			9	3	1	
5						7		8
		9						
		8	4	1			6	

#23

				9			4	
	9	7		8			6	5
4	6		7	1	5	8	9	3
7				6				
	8	9	2	7		4	5	
	2				4	1		
5		8	1	2				
2	1		3			9		8
9					7			2

#24

	7	2		9	5	6	1	
			7		2	5	4	
	1			3	4			
5	9	1					2	7
	6	8	5	2			9	4
	4						6	5
3	5	4	2	6			7	
				4		2	5	
	2				1			8

#25

2		6		7		9		
9	5	7	3					6
	8	4	9				2	7
	6	5	2				9	1
4		1	6				3	5
						6		
		8				1		
6					9	5		
5		2	7	3	6	8		9

#26

6		3	2					
		2	3	8	9			
1	9	4		7	6	3	2	8
	4		9					7
3						9		1
				4	1	8	3	2
2			8	6		4		3
				9		2	5	
5	6			3				

#27

7				6		4	5	
5		6		4	7			2
			5	9	2			
	2				3		4	9
8				2		5		7
6		7			5			1
2	5	8		3	9			4
9	6		2				7	
4							2	

#28

				8	4		3	7
4	3				5	2		
1			3	7		4		
	7		4		6		1	9
8	6		7		9			4
5		4	2			7	6	
9		8						2
6	2	3			7			5
	1	5	9					

#29

6	9	8		2	7			
5				6	8	7	3	9
	4				9	6		8
8	3			5		9		
2		7			4	3		
1	6	9	8		3			4
		6	7			5		
					5			2
9			2	3			7	

#30

	5	1	9	2				3
	6			1	7			8
					3		1	
1		9				7		4
2		6			5		8	9
		4				6	2	
			5		4		3	7
7	1	3			8			
4		5	7		1	8	6	

#31

		8		5	9	3		1
1	7				8	6		9
		9					5	8
		1		2		7	3	
		2		7		1		4
				9			8	6
3			5			9	6	
	1	7		6				
5	9	6	7	4				2

#32

7		6	2	5	3	8		
1		3	6					
8	9		1	7	4			
		8	5	4				
							5	7
4					1			9
		7		1	2	5	6	
	8	1	9	6				
5	6	4		8	7			2

#33

	3	9		6	4	1		
1				2	9	3	8	
		2		7				6
4				9		2		1
	2	1		5	3		6	
6			2				7	5
			9	8	6		1	2
2	8		1		5	7		

#34

	9				3		8	6
8			6	1	7			
		7			5		1	
	8	9	4		2	6		
5		2	3	9				
6			8	7			2	
9	7		5				6	2
	5			2		1		
2					9	3	7	5

#35

		4	7					
9	3	6	2				5	
8		7			5			
5	6				8	3		
	1		6	5	2			4
		8	3			5	6	2
4	7	5		2		1		
		3			1			
6			8	4	7		3	5

#36

2		8			5	9		6
5			8				2	1
3	9		1	2			7	
	8	3				1		
			3	9		6	5	
1	5					7	3	4
9		7	4	5				3
		1	6	7		5	8	
8	3						6	7

#37

		5		6		3	1	
6		1		8				7
9		3	5		4		8	
	8		6	2				
5	6	9		3		7		8
3	1				5			9
		6						
	9	7	2	5	6	8		
2	5	8			3	6		

#38

		9	5		4		2	8
8	4		2	6				3
	7							4
2	6				9			5
	5	8	6				3	1
1					2	4	9	6
7			4		5	3		
	9	1		2			4	
			7		8		6	

#39

	9		5		8		2	
	2	1		6	4		7	
5	6		2	7		9		
		9			1		3	
8	3		7	5			9	4
1			3		9			
9					5	8		7
				3			5	9
7		4	8	9		2		

#40

9		4			6	2		
8		2	7	5				4
	1			4		8		7
	8	7						9
3			5		1		4	
4	9	5	8	6				
		9		1	8		7	2
	4	8						1
	5	1	9				8	

#41

8	1		5		6	7		3
					2		6	
2			3		8	4	9	1
7	8				5	9	1	
6		2	7		1	3		
	3				4		8	
	4	7	8			2		9
	2		4			8	3	
	6					1	7	

#42

	5						6	7
	9	7	3		1			
		3		6		9	1	
				4	8	7		6
4			2	3	7	5		8
						4	3	1
7	6		4		3		5	
	8	2				1	4	
3	4	9						

#43

	8			1		4	2	3
	4		7			5		
		9		6	4	1		
9		1		8	3	7		5
	7	2		5			3	9
			4		7			
			9	4		3		7
		7		3	2		1	4
				7		9		2

#44

				5	8		2	7
	5			7	4	9	8	
		8	1				6	5
9	3	1		4	7	6	5	
		5		2			4	
8	2		5		6		1	
5				1		2		
	4	2		6				
	9	6	7		2			4

#45

3				6			9	
5	9		2			6	8	
	2		9	1		3		
4	7	8		5			3	
						1	4	6
6	1	9		2		5	7	
7				8				
		5				4	6	3
9	6			3	5		2	

#46

		3			9	6	8	5
6	9		1					
8	2		7		6	9		1
		9	8	5		7	1	
1								2
	7	6		4	1	5		
		1	3		7	2		
3		2			4	8	7	
9			2					3

#47

	7	1	3		2		4	
			7		5	1	9	
		4	8				7	3
		8					1	
3					4	2	6	
		2	5		7	3		
4		6	2			7		8
		5	6				2	
2	3	9		7	8	6		

#48

	3		5	7	8			
		8			2	3	5	
5		9		3				7
3		2		5		8	7	1
6	8	7	2			5		
	9	5	3	8	7		4	
		1	8		4		6	
			9			7		
		3		1		4		

#49

7				1			9	3
9					6	2		7
2	1			9	3	6		
3			4				6	
				6	2			9
6	4		5					8
			6				8	1
	5	6	9	4	1	3		
		2	3	8	7		4	

#50

					7		6	
			4			8		3
				3		7	4	
8		7		6	3		5	
5		1		7			2	
3		6	5	1		9		7
9		4		8	6	5		2
	8			2	9	1	7	4
	3				5		9	

#51

3	2						8	6
	5	4	3		2			9
	6			7	5			2
		8	7		9			
4	9						2	1
7					1			
2		6	5		8	9	3	
9	7	3	2			8		
	8	1			7	2		4

#52

		2	4	6	5	1	9	7
9		4	7		3		2	
				2		4		
		1				7		
7	5	8				6		
4	9	6	3	7	8		5	
		5	9					
1	2	3					7	
			1			3	6	2

#53

		2			5			
1	8		7	6	9	2		4
	3	7		8		1		5
2								8
		8	3		1	9		6
3	1				8		2	
4		1	5	7				2
5	2					6	7	1
8	7							

#54

6			2	1	7	5		
1				8				6
9	2			5			1	
	7	4	1			9	3	
2	6		5	3				
	5		9					2
			7		3	6		1
7	1					4	9	
		3	6	9		2	5	7

#55

4	3	1						5
				3	7		8	4
		7	6			3	2	
1		8	3		2		5	
5	6			8		7	4	2
2							1	
9	4						3	1
				5		2		
3		5	2			4	6	7

#56

		5	3	2			9	
	9				5			
8		1		9				
	5	3	8	6		9		7
	1	7	9	5			8	2
2					7			4
1	7	6	5	8				9
		8		7				6
9			6			8		5

#57

			2	6	3	8	4	1
1	6		4	7				
8		3	5	9		2		
2	7			4	6	5		3
				3				
			1	2		9		6
	2	8	6	5	9	1		4
9								2
		6					5	9

#58

	5	9				3	4	
			9	2	4	8		
			7	5		9		2
6		7	4		2		9	3
3		5		7	9		2	4
9			6					
	7		3	9		2		
	6	3		4			1	
8	9		5	1	7			6

#59

6	2			5		1		8
4			9		2			
1	7	5		4	6		3	
	5				3	8	6	9
		1		2	9		5	
9			4	8	5			1
		3		6	4	7	1	5
				3				
7						6		

#60

	2	3	4	1	7	8		
	1		2		6			3
4				5	3	6	1	
7			3		5		6	
	5				9	1	2	
			7		1			
	3	4		7			9	1
	9	2		3		7		
		7	1		4	2		

#61

5	3						7	
	8			3		5		
	7	4		1				
	1	2		4	8	6		5
8	4					7		1
	6	5			7		8	
1			4		3	8	5	6
	5		6		2	1	4	9
4				8				

#62

		6	7			4		
	9		6		1	2	5	
1	5	2			9	6	3	
4	6			7	3			
	3			9	5			
9		5				8		
	1		9	6	7	3	2	
	7				4	9		1
	4	9	3				6	5

#63

		9						6
	6		5			8	9	3
5				9				
			2		5	7		8
7	8	2		6	1	9		5
		5		7	8		4	
4		1	8		7	3		
8		6					2	7
		3	6		4		8	1

#64

5					6			2
			8	3		9	1	5
8		1				6	7	
3	4	8	9	2	1	5		
6				8		1		
		9	4		5	3		
9	1		7			2		
		2	6					1
4	5	6						

#65

5		8			7		3	1
3				8				
	7		2	1		6		
	2	1			9	5	7	
	4			2	1			3
			5				1	2
			1	5		3	9	4
9	3	6			4			5
1	5	4	3	9			6	

#66

				2		8		
		8	7	3			5	2
		3	9		8	1		
	3	5			6			4
4	9	6			7		1	
7			4		3	6	8	9
	4				2	5	6	
		1	6			7		
	5	7					2	8

#67

7		2			8	4	6	9
4			6	7	3	5		
	8		4			1		
8						9		
	6			8	7		1	2
3		1						6
1			8	2	6			5
				1	9	6		3
9		6	5		4			1

#68

2	8			7		3	4	9
5							6	
7				6	9			
		2	7	8		4	9	
	4		9	5		8		6
8		7	6		4	2	3	
			2	9				8
1	7	5	8		6	9		
			1	3				

#69

			9				1	
		2			4			8
	3		1		2	7		6
7								9
8		3	4				7	2
6	9	1			7	8		
3	8	9		4		5		
	4	7		1	5		9	
1		5	2			4		7

#70

		8	3		2			
1		7			6		2	3
	3	4		1				
				3	4	1	5	7
		1					9	
5			9	7			4	
7		2	4			9	8	
	6	9		5		2	3	
3	4	5	8		9			

#71

2		5	4	6		8	7	1
9						6	5	2
	1	7		8		9		
	4	2					8	
5		9		2	8			
	7	8			5			
		1						9
	9	6	8	5				
4		3	9	7	1		6	8

#72

	2	1	4	6			3	7
7		5						6
9		6				4	1	2
	1	2			4		5	9
	9			2			7	1
3			5	9			2	
					7	1		
		7	9	8		2		5
		3		4	6			8

#73

2		6		4		1	3	
1	4		2		3	8		
		7	8	6				
7			6	3	2		1	
					4	3	8	
4	1		5	7				
8				9		7		
9					6			3
3	5	4	1		7		9	8

#74

1						3		5
	5	2	9	4		1		
	9			5		6		
3			5		7	2	4	6
	7		4			8	5	
5	2	4		3			7	1
			2	6	5	7		
		7				5	1	
8	3		7			4	6	

#75

	7							3
		4		1	6	5		7
	6	1			3	4	8	
		7	1				4	
	2				9	7	5	
4		9	7		5	3	2	6
2	4		3		1	9	7	
				9			3	
		3	5			1	6	

#76

7	8	3			4	1		
			2	7	1			
		2				4		5
8		5	7	1	2		9	6
9		7			6			2
2				8		7	5	
	2			9				
		6	8	2				1
1			4	6	7			8

#77

1					7	9	6	2
		4	2	3		5	8	7
	7	5	9		8			3
5	1		8			4		6
							9	8
8				7	6	2		
7		9	6		5		2	
		1		2	9		7	5
			7			6		

#78

	4		7		1	2		
6	5						4	
			4	5	9			
1					7	8		2
	6	8	1	2		3		
3		7			6		5	
	1		9	4	5	7		8
	8	5	3					
			6	7	8	5	2	

#79

		7		1	3			
5	3	9	7					2
6	8	1			5		7	
		4	6				2	
3				2			6	4
2	7	6		3			9	
7					4	6		
	4		1		6		5	7
1	6		8	7				9

#80

6	2	5				9		
1	9	3		6				2
4		8	2	5		1	6	
8					7			5
		6						7
7	5	2	3	4				9
	4			3		7		
				7		4	9	
	6		4	9	1	2		8

#81

	9	3	8				2	
8			5		6		3	
4	6		1	2				7
		7	9	5			4	
5	1					2		
	3	4		6		8	5	1
3				1		7		5
					8	3		
7	2	9		3	5			

#82

7		6		2		3		1
	1					8	5	2
5	3			1			7	
	6	4	7		1	9		5
1		8	4			2	3	
			2	9				4
6			5					8
8		3		4				
		5			2	7		3

#83

		1						
4	6	3	8			1	9	
	8				9			
5	3			8	1			
		6				3		
1		4	6		3	5	8	9
	1	9	3					8
3			4	9	6		5	
	4	5	7	1		9	6	3

#84

	9		5		3			
	1		6	9				5
	5		8	7		2		
1	6		7			5		3
				3	9	6		8
8	3			6			1	
9	8		4	1	7	3		
7					6			4
		3		5	2	7		

#85

7		5				6	8	
		2		5			9	
4	8	9			6	1		5
						5	6	8
5	7	1	8	6	4	9		2
8								1
			9		7			
	2	8	6	1	5	3	7	
	6			3	2			

#86

				2		3		1
	9	3			6	5	2	
	8	7		3		9		
			6		3	8	4	
9	3	8	4		2		1	6
6	7			9		2		5
			3			6	5	2
				6	4			
		5		1	7	4		

#87

2		6			7		9	4
4		1	5		8		3	
9			2					
		5						3
	6				4	9		
	8		7	6	1	4		5
8		4	6	1		5	7	
		7			9			6
	9	3	4		5			1

#88

	6			7	5		1	3
							9	2
	2	5	9	4	3			7
		1	8	3	9	7	2	
9	8	4					3	
2	7				1	9	5	
					6	2		5
7			5	2			8	9
			1		7			

#89

		1		4				
			6			7		9
	6	8	7			5	3	1
			1		9	2	5	
2					5		6	3
1	5			6	4		7	
	1		9	5		6	8	
7				2		3		
8		5	3	1	6	4		

#90

	4				5			
9	6	7	8		4	5	1	2
3								4
			9			4	7	
	3		5	1	2			
		9				1		3
		8			7		3	1
	7		2		1			8
1	2	6		4	8	9	5	7

#91

9			2	5	8	1		4
8	4				6	2		
1		6		9	3			
5		8				7		
		4	3		5			
	9				1		5	2
4			5	3	7	6		1
		2	8	1				5
			6		4	3		

#92

9	3	4		5			1	
2		5				9	4	
7								3
			4	1				2
1	7				9		8	4
				7	2		5	
	5				3	4	7	1
		7	1	4	5			6
	4				7	8	2	5

#93

3		1	6			2		
7		9	8					6
4			2		9	7		
		4		2				5
	1				6	9	8	
	9	3			8		2	1
		5			4	8	3	
1	3	2		8		4		9
6	4						5	

#94

2	7	8				4	5	1
			1	4	7			2
9			5		2	6		
		2	8		9			5
		3		2		8		
					5			4
8		7	4	9			1	6
	9				1		4	8
		1		5	8	7		9

#95

							3	9
9		4	5	7		8	2	
		1						
7	1			5	4	9		
		6			7		8	
4	9		2		8			7
	2	7	6	4		3	5	
		5		1	3		9	6
		9	8		5		7	4

#96

					7	8	9	3
2	3	9		4		1	6	7
	8			6				2
			1				7	5
	2		6		9			4
7	6	1			4	9	2	8
	9	4		8				
3			4			2	8	
		2				4	5	

#97

6	8					1	9	7
		7						3
4	3	1	8	9		2		
		6				8		
	7		4		1			2
2				8	6			
7				6	9		1	
	6	8		7		9	2	4
		2	5			7	3	6

#98

	1	9	3				4	
			7		4	9		
		7	2	9				
		4		3			2	1
3	2				9	4	5	7
1	7		5		2	3		8
8	9		4					
			9			1		4
7		5		6	8	2	3	9

#99

	3			8	5		2	1
		5	6		2	4		8
8		2	1	4	3	7		5
3		8			9			2
2		1			7			6
			2		6			
	1			2	4			
	8		3			2		7
	2	6				3	1	4

#100

4	6				3	1		5
9	8	3				7		
5	7			8			6	
	4	7	5	2				3
						8		7
	9						5	
		9		4			3	
6	5		3	7			1	4
3	1	4	2				7	6

#101

		7	1	2		4		5
1	8				9	2	7	
4	9	2	7	3		8		
9			5					
2			6		3			4
3			9	1				
						5	8	1
	1	4		5	7			9
5	6					7	4	

#102

	4	7		9	5	6		
				4				7
8	5	3	1				2	4
6			5	7		2		
	7		6		3		9	
3	8	5				1	7	
		6		1		3	4	
7	1		4					2
	3	9		5	6			1

#103

	4	5	6	3		2		1
6						4		
			9	7		8		5
4	1	2				7	5	
8	5		1					
9	6		5	4				8
			7	6		9	8	
5	7			2				4
3	8	6			9			

#104

5	1	3						9
		8	2		1	6		
	2	4		7	5			8
	6		1	2	3	8		
							7	
				8	6			
8	5				4	9		7
7	3	9	5		2		8	
			8		7		3	2

#105

	5	1			4	8		6
7			1		5		4	2
4		6			9	7		1
	1	3	4			2		5
8							3	
9	2		3	5		1		
	7	2		4				9
	6	4	9	1				
		8					2	

#106

6	2		1	7				
5			9		3		8	6
	9				8	7		
	4	9		1	5			
3		6	2	8				
							2	9
1					7	6		4
8		5	4	3	2	9	7	
			6	5	1		3	8

#107

5	7	9		6		1		
4	8	2	7				3	9
			8		2			
	2	3				5		
	5			2	1	7		
6				5				
7	1	6		8	9			
2	9			3	7			6
8	3	5		4			7	

#108

8			4	7	9	6	2	3
		4		5		7		
3			1	2				
2		3	5		1			8
1	4			9	7	3		
5	9						4	
		5	7	6			3	
7	3				5	8	6	
				3	4			7

#109

9			1			3		
				9			1	
5		3	6	8			4	9
		5		1			7	
1	3	9	4			2		6
4			2	6		1		
3			9		7	8	6	
	9	4	8			5	3	
					6	4		

#110

	1	6		3		8	2	9
	9	8						
4	2		9			1	3	6
9			2				6	
				6	7	9		
7	6			8	9			
2		5						4
8	4		5			3	1	2
6		1	8		2			

#111

	2		6	8			4	9
1	8		3			6		
			5		2			
2	4				5			1
						5	6	4
5	9		4	7				8
9		2	7			4		
	3		1		4	2		6
6		4	2	9		7	8	

#112

3	8	2					9	
		6	2					3
7		1		3	9	8	5	2
						9		1
2	5					3	4	
		3	4	2		5	6	
8	2		9		4			
	3		8	6	2	1		
	6	9	3					4

#113

		5	3				7	
		3		1	7		5	2
7			2			1	3	
8	4		1			2		5
5		2		4				7
				5		9		
	5	1			4	7	9	3
6	9	8	7		1			
	3	7						6

#114

		6			8			
2		9	6			7		
	7	3	9		1	8		6
			4			5	8	
4					2		6	9
		8		3	7	1		4
	9	5	7				1	2
7			2			6		8
6		4	1					3

#115

2	1	9	5					
	6		2					
7	3		6			1	2	
6		2	9	7		8		3
9		3						7
	5		8			9		
5				8		3		1
	7	1		5		2		6
			1	2	6	4	7	

#116

				9	6	2		1
	5		3		1		6	8
			5	2	8	3		
	6			4	7	5	3	9
			8			7	4	
			2	3				
3	7	5				6	8	
	2	1			3	9	7	5
9	8				4		2	

#117

						7		
	8		1	9	6	3		
	4	6	2	7	5	1		
2		5	4	1		6		8
						2		3
			5	3		4	7	1
9		7					3	
			7	5	9			2
	5			2	4		6	

#118

	1							4
		3		5				
9	6	8	7					
		1		3	5			8
	7		8	2	9			3
	8	4				5		2
6			2	9		1	3	5
1	3				6	8		9
8			3	1	4	2		7

#119

		8	5	4		3	6	9
	4		3					2
	5	3						
	6			3				
	2		7	9	1		3	5
7		1	6	2		4		
		6		8	9		1	
			4		6		8	3
	8			5	3			6

#120

	7	3	9				2	
			3	4	2	6		
2					1	3		
3				7	4			
1			6		8	5		3
		5		3		2		
9	1	4		5		7	3	2
				1		8		9
8					3	4	1	

#121

			3		7		1	
		2	6	1		7		
	3	7						
	6	4			1	2	8	
		8	7	4	3	5		1
7	1		8	6	2		9	3
4		1				3		
6			2	5	8		4	
2	8					6	7	

#122

5					8			9
		6				4		7
		2		9				1
	6				4	8	1	
	2	8	6			3		4
9		4	8				5	6
2	4	9	1	8				
3	5	1			7	9	2	
		7	5	2	9			

#123

1	4	3	7		6	9		
	9	2	3	5	4		1	
7		6	1		2		8	3
5						7	4	
	7		8			2		
3				2	7			9
	3	4		6		5	7	
	8				1			
	1		2				9	

#124

4	3		9		8	7		
				2	5	9	4	
	5		7		4			
5		2	6		3	4		
3	9	6		8				2
7		4	2			6	8	3
1		7		3	2			4
	4	3		9				6
			8	4			3	

#125

	8	7	1	9	4		3	5
			2		8		4	
				6				2
7						3		6
		6	7	8		2	9	
4	3						5	
		4	8					3
8	1		5	4	2	7		
	7			3	6			8

#126

		2		3	8		4	
	1	8	9		7			5
	7	4			2			
7			4		3			8
9	4			2	5		6	7
8		6	7					3
		9	5	7				2
		5		8	4	9		
1	8					3		4

#127

9	1	5	3				7	
							6	9
	7	8				4	3	
8	6		4	2		3	5	
	2	3			1		9	4
4			6		5		2	
1		2			3			5
7		6					1	
				1	8	2	4	6

#128

	3	7	6	9		1		5
			2			3	4	
		6	1		5			9
	8	4	7		6			
	7	3	4	5		8		2
					9			
	6	5	8					1
	4		5	1				
7				6	2	5	3	4

#129

7	9				8		5	4
8		3			5	2		9
6		5	7					
5	7		9			1	2	
2	6	8	5		1	4	9	
	2		1		7	3	6	
3		6		2				5
1	5		8		6			2

#130

8	9	3			2			4
		4				7		2
				1			3	8
6	3	9		8			2	
			9	2	5		8	
	2	8		6	4		7	1
			8	7	1	6		9
			2		3	8	1	7
				9				3

#131

					9			
	9				7	4	5	
			3		2	1		
			2	3	6		4	1
4	2	3	1	8	5	7		
				9		5		
9		2	5			6	8	4
	3				8	2		7
	4	8	6			9		5

#132

					4		6	2
	6	8	2	1	3	5		
		2					4	8
8				9				4
	1	9	3	4			8	7
7		6	5			9	1	
6		4			2		9	1
	9		4		7	8		6
		7					2	

#133

6	7		8	9			2	
4	1			6			7	5
	8	5	1		6		9	3
1	3	6			9		4	
7		4	3	2		5		6
	2					4		9
3		9		5				
8	4	7		3	2			

#134

				9				
1	2		7			4		
	8		1					9
9		5	2	3			8	7
	7	1	4	6	5			
	3		9			5	4	1
	9	7		2	6	1	3	4
		4		1	9	8		
3	1			7			9	

#135

				9	6		3	4
		4	8				1	7
				7	4			
		5		1				
	7		3	6	8	2		1
		8	4			3	7	9
8		7	2				9	5
9	5	3		4				8
2	4			8		7	6	

#136

1	7			6		2		4
			7		3		6	
		6			1	7	8	
7	6		5			1	9	
				9	4		7	2
	9	2	1			4		
6	1			4	5			8
9	4	8			6			
	5			1	9	6		

#137

2	5		9				1	
8	1				5		2	
9		3	1	2	6	5		
			6		9	3	7	2
		2			8			
6			2	3				5
3	6				2		5	
5	4	9		6				
		7	4				6	8

#138

			2	3		5		8
4		1		9		7		3
		8		1				4
		3	4	5	1	6		
	8	6	9			4		
1				6	7	9		
		9	3	7	2	8		
3	7		6					9
	5					3		

#139

		9			6		7	
							6	1
	1			4		3	9	5
9		1						
8	3		2	9	7		4	6
7	6			3	1	9		2
2			5	8	3			
	9				2		8	3
3	5	8		6				

#140

	3			6		7		
6								4
2	8		7		4	5	3	6
8	2	3				1		
5				2	1			
	7	4	3	5	6			2
	1	2	9				8	
3		8		1	7		5	
			6		8		7	1

#141

	8	6			9	2	7	3
4		7	5			8	9	1
2	1	9						
3			7				8	
			3			1	6	9
					1			
8		2	1					6
1		4		6		9	3	8
6		3	9	8	7	4		

#142

	1	7				3		
		9	2		7	5	4	
	4		3	1	9		7	6
	2	6				8	3	
	9		6		3	1		4
		3	1			6		
	6	1	4	3	2			
	8		9		1	4		3
			8		6			

#143

3	2				7	9	1	6
	6		3			5		4
		9		2	6		7	8
	7	4		6	3			
6	9	1			5	4	3	
5							6	
	4		1		2		5	3
	8			5	4	2		
9								

#144

			1			4		
			4				7	1
9		4		3	7			2
8			3			6		4
3	7		2	4	6	5	8	
				9	8	1	3	7
					3	7		5
5		7		1			6	
1	8		7	5		9		

#145

				2	4			
	5	2			8	6		
8			3			7	9	2
	3	4		8		2	7	9
2		1	9				5	
7								
9		5	4		7	1		
6		7	2	3		4		
4	2			1	5	9		

#146

		2			7			1
9	6	5	1	8				
					3	8	5	
	3			4			2	6
						5		8
	5	8	6	2		4		
	2	4		9	8		7	3
			2			9		4
8		1	7	3			6	5

#147

4			7	2		6		9
		6	9	4	8	7		1
		7	3		6			4
5	9		2	1			6	7
		4		8				
6	7		5			2		
				3	9			
		1		7		9		
	5	9				1	8	

#148

2	9	7	1	5	3		4	8
		3		2		9		
5		1			6		2	
1	7	2		8	5	4	3	
		6	3	1				
	3					1	8	7
		9			4		6	5
3		4				8		
			2		9	3		

#149

9	1	7	5	6	8	3		2
3		2	4	9		1		
		9	8	4	3	7	2	1
2		1	9		6	4	5	
	4			2	5	6		9
			3					
	2			8				
5					2		9	3

#150

6		9	3					5
				1	4	8		9
1	3		5	2	9		4	
7				6	3	4		2
3		6		4	2			
2	8				5		7	
		3		5				
		2	4			3		1
9			2		8	5		

#151

	7	1	9			4	3	2
	5	2		1		8	9	6
		4	6	3	2			1
	9	5			1			4
	3	8			9	2	1	7
	2	6						
5	6			4	7	1		
						7		
8			2	9		6		

#152

	6	7			5	3		
		8		1				
	9				4		7	1
9	7	1	5	3			2	
3	5		1	6		7		
6			4				5	
7		3	8			5	1	4
				5	1			2
		9				8	6	7

#153

5		7	1	6	2	4		
3	4	6	8	5	9		1	
	1	9				8		
			4	9			8	
	5		3		8	9	7	4
			5					
			2				4	8
7			9	8				3
8		4		3	1	7		

#154

3				9				
2	9	4		8	7		1	
	1	8	3			7		
7	8	9	5	4		2	3	1
	4	3		2	1	9		
							5	
			2	6				9
9	5			7	8	1	2	
4	2				3			

#155

	8	2	1			9		4
		6				2	7	8
	4		2	6				1
	7	8	5	3				
				8	1	5		
	1					6	8	3
				2	6		3	
7		3	8	1		4		
8	6			9	3			2

#156

				1	2			
8	3	2			5			1
			8		4	3	5	2
4		3		7	9	6		8
		1					4	
		9	1			7		5
2		5					7	3
3	1			2		5	9	
9			5				2	

#157

		6	9	2			7	
	2				1		9	6
9	1	3					4	2
			8	1			5	4
	9							
			4			3		7
				3		7	1	
3	7	4		9		2	6	5
1	5	9		6	2	4		8

#158

			7			6		
	1	6	4					
8		2	6			4		5
	5		8			1		6
		8			3		4	9
7				6		5	8	
	8				6	9	5	
		4	3	1	9	8		
6	9	7			4	3		2

#159

	7						4	5
		5		9		8		
3			1		5	2		
				2		7	6	9
	2	7	6	4		1		
9	1			3			2	4
8	5	3			4	9	1	
		1	9					8
6	9	2		1	8			

#160

9	4	6			7			1
8		2				4		9
7	1			9				2
		8	6	3	1		4	
1		4				9	3	
6		3		4	2	1		
2				6		8		3
4		1	2		3			
3				1	5			

#161

	5	2		1	9			8
3	4			2			9	6
	1					5		3
7	9				5	2		1
1		4	2				6	
8	2		6			3	7	
	8	3		5	2		1	
	7					4	3	
2			9	4			5	

#162

		9			8			
8	1	7	3					4
	5		7	1				
6	9		5		3		4	
5		1		4	7	9		
	4	3				5	6	2
		4	1	8	6			5
		5	4	3		7		
	6		9	7	5	4		

#163

7				8			9	6
			1		6			8
8	6	2						
9	3		7		5		2	4
2	4			6				
1			3			9		7
6		8		5		4	3	
4			6	3	7	5		2
		3	8	4	1		7	

#164

			4			8		
		3		9		1		4
	4		7		1			
		7	8	1		3	6	9
9		6		3				7
3	1	5	6	7				
6	9	4						
	5	8	9					3
7	3		1		6	9	5	

#165

				5	9	2	6	
8		5	4	1	6	7		
					7	5	1	
3	7			4		6		9
6	8	4		2	3			
	1		7					2
	6			9	2	3		7
		1		3		9		
	9	3	6	7		8		

#166

				9	6			
4				5	1	9		
		5	8	4			2	6
		8	4		2		3	1
		2	1	3			6	
	7	1		6		4	9	2
	5							
1	2	7	3	8	4			9
6							8	7

#167

5			3		9			
2	4	9		1	7		8	3
3	7					6		9
9	3		4			1		2
	5	7		8		9	3	
6				3		8	7	4
1		3						5
		5	7	2				1
					1	3	9	

#168

6		8					7	
2	5						4	
7	9		3	5	6		2	
	1		6	8	3		5	9
				4		7	3	
		3			7			8
	8	2	9		4	5		
5			2			3		
3	4		8			1		2

#169

	2			1	8			
1	3		4					9
	7	6			9			
7		1	8			2	9	
		3	9	6		1	7	4
6		4	7				8	
3		2					5	8
5	1						4	2
8		9		5	4		1	3

#170

		5						
7		9		3	6		4	
		8	2	7	4	5		1
					1	4	6	9
6	8	4			7		1	
9		1					8	5
			8		5	9	2	
1				4		3	7	8
	9		7					4

#171

		3	6	1	8	4		5
	7	5			3			2
1		8				9	6	
2	9			3		6		
5	8	6	1		7		2	
		7			6	5	9	
	1	2				7		
		4	8		9		3	
			7	5				8

#172

		3	5	2	8	9		7
	6	8	9		1	2		4
	2			6	4			
	9	6	4					
		5					2	
							9	3
		1		3	9			6
	8				7	3		2
4		2	6	8	5		7	9

#173

				4	5		3	
4				3	2	8	6	5
		3	7		9			
5				9	7	3		1
	7		2	6			4	8
	4	1	3		8	9		6
	6							4
7					4			3
	3		5		6		9	

#174

	7	1	5	2	4	3	9	
3	2					7		5
					6			
	3	9						4
	4	6	2					
7					1	6	3	2
				5	2		1	6
	6	2	4			8	5	7
5			8	6		2		3

#175

	2		8			7		
	6		4		9	3	2	
	9		7	5		8	4	6
				7				8
6					4		5	
1	3		2		8	4		9
2				4				
	5		6			1	8	
4			5	8	7		3	2

#176

	2					9	5	
4		6	2	5		8	1	7
5	8	7		9	4		3	
		5			6	1		
		4				7	6	
6	1	9						
	5		3				9	8
		2	5				7	1
			9	7			4	2

#177

7								2
			1	2	5			7
	2		7	8			1	
					4			
8	9		3				4	5
4		3	8	7	2	1	6	
2	4			9	8	6		1
5		9	4	3	6			
	6		2			5	9	4

#178

	8						4	
		6		2			3	
7		4		9		8		
			5	4	7	2		1
	5	2			3	7	9	4
8	4			1		6		
				5		9	7	8
5	7	1				4	2	6
				6	2		1	

#179

		5		9	4		1	7
7	9			1	2			
1			8			9	3	2
		9	4					
	1	7		3		5		
	4			6	5	7		9
9	3		5		6			
5			7		1			4
	7	1	9	2				

#180

	8	1		2	5	4		9
	9	5		4				
			7	6			8	5
3		7	1	9	2	8	5	
	5				6	3		1
	1				8			
					7	9		
		9	6					3
5					3	2	7	6

#181

	4		7	5		2	3	6
					2	7	4	1
7	2		6			9	5	8
				9			1	
3		2				4	9	
	1		4	6	7		2	3
	3	7			8	5		
			3	2	9			4
							8	2

#182

8			3		7		6	5
	1	6				3		4
		3		2	6			7
9	8							6
6	7	5			8			3
4	3	2		7			5	9
	5		9	3	4	6		2
			7	1				8
2			8					

#183

5		9				4	1	3
			5	1	4		6	
6		1	9					2
		3	2			6	8	9
	1	6					2	5
			3					1
9	6	4						7
		2	8	6		1	3	
1	3	8				2	9	6

#184

				3	7			8
	3			1	2		5	7
8			4					
		8	9			7		1
	4	1		7	5	8	2	
7				2		5	6	
	6		2		3			5
1		2		4		9		3
			7	8		2	4	

#185

		4	7	2			8	9
		6	1				2	
			6			1		
5		8	3	1	7		6	2
		7					5	
2		1		6	5		9	7
				7	6		3	
9			2	8	4		1	6
	4	2	5					

#186

			1		4			
	1				2	8	7	3
	5	2		9		4		
	9		3		6		2	
1	3	4	5		8	6		
2	6			4			3	
7		6		3		9	1	
	4		2				8	6
	2				7		4	5

#187

	1						6	5
					3	8		
8		9	4				3	2
		3	8				5	4
5		8					2	
9	4			7		3	8	6
	9			8			1	
7			6	5	1		9	8
6		1	2		9		4	

#188

2			8	1	5	9	6	4
							2	
1	5	6		4	9	3		7
3		1	7				4	
	2					6		
	6				4		1	2
	3		4		7	1		8
4	1			3		2		
6		7				4		9

#189

9	4	6			3			7
8		2		1				5
5	1		6			9		8
2	8			3			4	
6	7	9	4			8		
4				6				
		5	2	9		7	8	
		8	1		6			
		4	3		8		2	6

#190

		1			5	3		
	9	2	3	7	6	8	5	1
			4	1	9	2	7	6
2		4			1			
	7	8						
1			2	9			8	
	1	9				4		3
		3			4	7		5
5		7					6	

#191

					3	4	7	
4	3		7	6			5	8
	6	5	8		9			1
3	8			7				9
						8	6	2
6	5				1	7	3	4
	4							
1		9			5			7
5		6	1	9		2		

#192

8	2						3	6
6	4	7	3			1		9
3		1	7				2	
4	6		8	9			7	
	8	2					6	
		9			6	8		3
	1	8	5		3		4	
2				7		3		
7	3		9					

#193

1	6			5	8			
	4	5	7	2	9			
			1				5	8
	7		9			2	3	5
4		3				8	1	
		8	2	3		4	7	
	5	4				6	9	1
	1						8	2
3					2	5		

#194

						5	8	6
	5		8	1				
8		9	5					
7	8		1		5		9	
2		4		8		1	7	5
5		1	7	4	2			
				2			4	3
4	6	2	3		8		5	
3	7			5			6	9

#195

7			4				2	9
		2	8		7	5		
3					2	6		
6	3		9			2		4
	7				1			
	9		2			7	8	
		7			4	3	6	5
8			6	5			7	2
	4			2	3	1	9	

#196

	4		6	3			2	5
3			9				1	4
6	5	2		4	8			9
				8		3		
	9		4					
5			7			1	9	
		9	8	1			6	
		8			4	2	5	
4				7	6	9		1

#197

	3	4			9			
	8	2				1	9	7
	5		2		6	8		4
			9	6	4			
	2	3				9		1
		9	3	2		4	7	
	4	7	6	9	8		1	3
					2		5	
	1	8			7		4	

#198

9		7	6		3		8	
			1	9	4		7	2
2			8			9		4
		6					1	9
8	5	9	7					
			4	5				8
	2			1				
5					7		9	
7		3	5	4		8	2	1

#199

				8				2
8	1					6	9	4
5		9		6	4			
					9			
4	8		5			2	1	
	2		1				7	5
		5		1		9	4	
	4		6	9		3	5	8
6	9		3	4		1		

#200

	7	2	6			1	4	
	4	6		8		7		9
		3	1	4		8		
4		5		7		6		
				2	6			
	1		9				2	
			3	5		9		
3	8	4		1	9	2		
5		7	2				1	8

#201

		9			1	5		8
4	7	1	8	9	5		6	
	2	5	3		6	4	9	
		8		5			1	2
		3	6		9		8	
7	4			8				
3	9						4	
	8			3	7			
	1	7						

#202

2		7	5					6
		9		2	6	8	5	
	8			4		9		7
	2	4				6		8
5	7	8				4	1	3
9		1		8				
		2		1				5
				3	2		4	1
7	1	3		5			6	

#203

	5			8				7
9	7			6	2			
2		8	1	7	5	9	3	
	3		2				6	
6						7		
	9	2			6	3	5	1
			5	2		1	7	
				1			2	3
				3	8	5	4	9

#204

6	5		4	8				7
4	9	2	7		6	8		
	3						2	4
				5	8	9		2
	8		3	1			5	
	6			4		1		
3	2		9	7	5			
5				6		2	8	
				2	3	5	7	9

#205

				8		6	9	5
	9					8		3
	8	3			9		1	
	4	6	1	3		9		2
				9	2			1
			7	4	6	5		
	6	4	2			3		
5			4		1	2		7
7			9			1		

#206

6			9	8	1		7	2
			3			5	1	
	1		4				6	
	2	6	1					
	3	1	8					5
8	9						3	
4		7		6	3		9	
			2	1	8	7	4	
1	6			4		8		3

#207

			4		1	2		3
2								
8	4	1	7	2		9		6
			5	3	7	8	2	9
			1	6	8	5	4	
		8	2	4	9	6	3	
7		5		8		1		
				7			9	
	9			1		3		

#208

		7		5		4	1	
	8			4				3
4	1		3		9		2	
		8			2	3		4
	4		8				7	
						1	6	8
8	3		6		1		4	
6	5	4	9		7			1
		2		8	5	6		

#209

	5	9			8	2	6	4
	4	2	6	3		7	9	1
			9			5	8	
		8	4	6		3		9
	9		8					
	3		2		9		5	8
4			3			8	7	5
		5	7	4				
1			5		6			

#210

			4		6	2	7	
			1	8	7	5	3	
8		3					1	4
		9			4		8	
		7	8	5			2	1
1	8		6					5
4		8						
		6	7	2	5	8		
	3	5	9	4				2

#211

1	5	3			4	7	9	
	9				5		6	
6	7	4			2			
		2	1		9	4	5	8
		9		5			3	
		7						
9			4		7	6	1	3
4			5			8		
	3				8	2	4	

#212

	6		5	2				
8		1		3				2
4	2				9		3	
	5		2	7		8	4	6
	7	3	9		8	1		
2	8							
			8			4		
5		2			7	3		8
7	1		3	6		2		

#213

6			9					
	5	7		2	1			8
				4			9	5
4		5	3			8	1	7
1	2	3	5	7	8			
				1	6			2
		4	1			7		9
	9	2		3				
	1				9	5	4	3

#214

5	7			9	4	1	3	8
	8					7		5
1				8	5			
	2	4				5		
	9	8		5	6	3		
	5					9	2	
8			4					1
2				3			6	9
4	6		1	2	7			3

#215

9	5		2		6		8	
	8			5	7			
	6		8	1	9	5		4
	2				4		5	8
		5		9	2			
			6					
6	4				8	1	7	
2		9		7	3		6	5
5		8	9	6		4		

#216

7			5			4	3	
	2	3		8			1	5
		5		3	4	7		8
	1					8		7
	8	7		1				
3		2		5	7		9	6
					3	2		1
2						6		9
	7		1		8		5	

#217

			1	8	3			
4	8			2		6		5
	7	9					3	
5	3			7	4			9
		6	3			2		8
9	2	4	6		8	7		3
2				4		3	8	1
3		1		9				
8		7			1	9		6

#218

	1		3			4		
		8	4			3		6
3				5		8	2	7
		9	7	6			8	
	8	6		3				
		3		2	9	5		1
					8			2
	6	5	2	1			7	
8		7	9	4	6	1	3	5

#219

2	5					6		7
		1	2		5			3
3	7				9		1	5
5	3			4	2			1
8		7	1			3	5	
1	2				7	4		6
	6			1	3	7		
				2			6	
	1				8			

#220

	1	6			2	4		
	2	8		1	9	6	5	7
4	7		5					8
	8	4	6		5	7		
						9		
9	6			2				
6		3	9					2
		7	2	5		3	6	9
	9		8		3			4

#221

9		7				3		
1	3	6	9				4	2
4		5				9		
	5	4	6		8		9	
8	7				4	6		1
	6			7	9			4
	9		7		1		8	6
7	4		8	9			3	
	1			4				

#222

		7	1	2			6	
	4	8			3			7
	2		9		7		5	
8				9	4			
5		9			1		4	
	1		7	8	6			5
4	6	5			9	7	8	
7	8				2			9
		2		7	5	4		6

#223

	4		3		6	8		5
3			1			4		
7			4					3
	7			8	2			9
8		9	6	3			2	7
					9	5	6	8
2		7			3		5	6
		4		6			8	1
5	6						3	4

#224

	4				9			5
2		1			4	8	7	9
8	9	5			6	2	4	3
	8		1					
					8	7		2
		6		4	2		1	
6		9			3		8	
3	1				5	4	2	
		8	2		1		3	

#225

	2			8	5	9	1	
		9				5	2	
	5	1		9	3	8		6
		4		6			8	5
		5						
			5	4	2		3	9
		3	1	5			6	
		6	3	2	4		9	
1		2	6	7		3		8

#226

	8		3		2	9		6
	9					3		1
6			9	1				2
5					9	2		3
2			1	7				
8	4	9	2		3		1	
9	5	4						7
1	2		4	3		5	8	9
				9	1	6		

#227

6				2			1	7
9	7	3	5	1				
	8	1	7	3		5		
	1							
		2		5			4	
5		9	8	6	3	2	7	
	2	5			9			3
3			2					
4		7	3		1	6		2

#228

3		1	6		4		8	
4	9	2	7			1		6
	8				1	7	9	
9	2	5		7			4	3
7		8				2		
		4	5			8		9
					9	3		1
2				5			6	8
			3			4		

#229

6		8		3		7		2
		5						6
4		2	9	6			8	1
	6	3	5	4		9		
				8		4		3
	2	4				6	1	
			8	9		1		
	8	1			4		3	
2		6	7		3			

#230

	7		4		3	5	1	
8	1					4		2
5		4		1			3	
	2				5			
9	3		1	4	7	2	8	5
	8	5		9			4	1
					6	3		
3				5		8		6
	5		8		4			7

#231

		6		9		4		
		2	5		8	3		
				6	4	9	5	
	6				1		7	5
	8		3	4		1		6
1	9	7	6			2		
5	7			3		6	2	4
	3	9				5	8	1
8	2	4					3	

#232

	1					5	6	
		7		4	6		3	
6	4	8			3	1		
9	6						2	
	2	5	6	1	9	8		3
8	3						1	
2		9	4				8	
1	8	3					5	
		6	8	2				1

#233

		5						1
		4			9	3		
	3		1	4	2		7	9
	8	1	5			6		3
5	2	7		3	1	8	9	4
3	4				8	1		7
		3		2				
	7		3	1				8
	5			8	6			

#234

	7			4		3	2	
2		4			1			5
8	6							
3	4	8		6	7			
7	1	9		5	3		4	
		6				9	7	3
				2	9	6		7
			6			5		
	9	7	3	8	5	2		

#235

			2					
4		8				2	5	
6	2	9				8		
7		2						4
5	8	4		6	7		9	2
	9	1				6		
8		6		9	1	5	2	7
9			3			4	6	8
			6	5			1	

#236

3		2	5	1				
			7	4	9	1		2
9								5
		3	1					
1	7		6	2	3		5	
6		5						3
	3	1	9	8	4			
	5	4	2		7	3		
7		9			1	2	8	

#237

	6			7				5
	5	9			1		3	
8		4	9				7	1
	9	8				3		7
3	1	7				8	6	
4					8	5		9
1	4		8		9			
				4	7	1		
	7	5	1		3	2		

#238

	6			7			1	9
		1		6	2			5
7		2	1	8	5			3
	8			3	6		5	
1	7	3	8	5	4	9		
6		5			9	3		
3					8			
	5		3					7
			5		7			4

#239

	3		4	9	7	1		
1		2	8	6	3		9	
8			2	5				
4			3	1	2	5	8	
2		3		7		6	1	
		7			8			2
3			7	8		2		9
				2			5	
9				3	6	4		

#240

1	8		5	2	3			
7				4		8	1	3
		3			7		6	5
			6	1		9		
		1				6	3	7
					2	1		
	1				4	3	8	9
		2		5	1			6
		4		3	9		2	1

#241

9		8		3				7
			7	4	9		3	
					5		6	
		1	9					
4	2		1		3	6		8
6	9			8	7			2
		6	3		1			5
			5	9		4		
	5	9	6		4	1	8	

#242

7				1			3	
6		8			7		4	
	9	2					7	1
8		4			9	3		
	5		8	2	6		1	4
1		7				8	6	
	7	1		8	3			
		6	7		4		2	
		9	5	6			8	

#243

	5		2		1	8	7	6
6			3		7	2	4	5
	4		8		5		1	
	9	6					3	8
					9			1
				8	6	7		4
			1		3		5	
	1	5	6		4	3		7
				5	8	1	6	2

#244

	2				1		9	4
	8		4					3
1	6	4	9			7	2	8
5	4	3		9	2			
9			3	6				
	1					9	3	
		8		1			7	5
6	5					2	8	
4			2	8				6

#245

5				1				7
	7	1		3		9		6
8	4	9	2			1	5	3
7					8		4	
		6	3	9	2		1	
				7	1			8
	5	7	9	2	6		3	4
3				8	5		7	
		8						

#246

5		8			6			
			2	7	8			
2		6				4	1	
	1				3			6
	5		6	2	1	9	8	
			5	8				
9					5			1
1		3	7	6	4	5		
6		5	9	1	2			7

#247

5	1		4	7				
		9	5	1		4		
3		7		9	6		1	5
	3			8	4	5		2
4	5					3		1
		1		6			4	8
	2	3	8	4	9		5	6
6	9		7	3			8	
7						2	3	

#248

9			6				7	
		8					4	
5			4	7			6	2
	2				8			
	9		7		5	1		
	5		2			6		7
	8		9		7			3
4	7		1		6		8	5
2		1	8		4		9	6

#249

		1			6			
6	7	2			1		4	8
9						6		
	2	9				3	8	
8			2	3	7		9	
	6		8	9	4			7
3		8		6		7	5	2
	5	6	7					9
	9			4	3			

#250

	1	7				9	6	
8	4				7		5	
2	5		9	4				3
	8		2					
		4	8		6			
6		3		7	5			
	6	8			9		3	7
	3	5			4	6	9	
	9		6	3	8			

#251

	1				7			
5						6	7	
			5	1		8	2	4
8	2		4	5			6	
4		9		6				
6	5	1	7	9				2
	7	6						8
1	8				6	5	4	3
	4		1			7	9	

#252

	4	9						
3		1		6			2	
6		2				9		7
		8	6	5	3	4	9	2
		3		1		6		
		6	8	4	7		1	5
	6		4				3	9
1		4				2		
8	9					7	4	

#253

				8	6		4	
	8	2	7				9	
	4	9	1		2			6
		1			9			
9		6	4	1	3			2
2		4	5	6				
4	2	8			1	5	7	
1	9			4			2	8
	6				5			4

#254

5	8		2			6	9	
		6				4	2	
	4					5	7	
3			7	4	5			
7				8			1	4
4		8	3	1		7		9
6	5					1	8	
			8	5			3	
8		3	9	7		2		

#255

6			9				2	
	2		1	7	5		8	
	5	4		8		1		
	1	9	7	5				2
5		8			2			
						4		
1			5		7	9		
				4	8		1	5
		5	3	9	1	2	4	6

#256

	8		1	6			7	
	4			8	5		9	3
	9	5	7	3	4		2	
			8					4
4	1			9				8
	5	6	4				1	2
		9	3	5	8	2		
	7	4	6	2			8	
2								6

#257

				2				
				8	9	5		4
9	7		3	5	6			2
4	5	6	2		8	3		
	2			9	5			
1	8		6			4		
2			5		7	8		9
6		5		3	2		4	1
8	4			6				

#258

				6	4	2	3	
	1	9	7		3		6	
	6	2		1		4		9
1		5		7	2			3
2	9	8	3	4			5	
		6	8			1		
	2	3		8		9		
			1			6		5
5								4

#259

	7					4		
	2		7	6			8	
	8	9						7
8		7		5	2	6		
	9	6	3		4	8	5	2
				9		7		
2		8	9		7			
7	3		8	2	5	1		9
		5		3				8

#260

4	3				8		1	
		6	3				8	7
1				4		2		5
	1	9		3	6	8		
				5	2	3	7	9
			9	8	4		5	1
			8	7				3
	8	3		6	5			
	2						6	8

#261

5	3	9				7		
7		1		8				
	6		7					9
3	8			7		5	6	
4	1				8			
	5	7		6	1			8
1	9	3				8		5
			8	9	3	4	1	6
6	4		1	2				7

#262

2	1			6	3			7
	5			2	1			4
	8					9		2
					4	3		
	4				9	7	6	1
		7				5	4	9
		8		4	6	2		3
	9				8	4		
4	2	3		9	7			6

#263

2		5						
		9			3	1		
4	6				1	7	5	
		8	9	1		3		4
			8		5	2		1
	7			6	2			8
							2	6
		7		2	8	4	3	
8	5		3	4	6		1	

#264

	5	4	7	3	2		6	8
		6	5	8				
1	3	8	9	4		5		2
3		9		1	7	8		5
	7						1	
5							9	
8				9		4		3
2					4	6	8	
					8		5	

#265

		6	1		4			9
8	7		5					
9		4	6		2	8		
	6			2	7	1		8
7	2			4		5		
1			8	5	6			7
4		1	2		3			
	5			6				
			4	1			8	2

#266

2			8	5			3	1
	4		9		3	8		
		3			4	5		7
	8	7		3			1	
	1	2	5	6	7	3	8	9
			1	9	8	2		4
7								
				8	1			3
	2	1		4		7		8

#267

					4		5	
			7	5			2	
		7		3		6		
	3		4			7	8	1
8	1	6			9			2
	4	5	8		1	3	9	
3				4	2	1	7	9
	2		5			4		
4		9				2		5

#268

4			8			9		6
	8			9		5		
9		1				2	8	7
7	9		5	4		6		3
3		5			6			
			3	8		1	5	
5			2			7		
	6	2	7	1		3	4	
	7						6	2

#269

				2		9	7	5
	7					6	1	2
6	1	2			7		3	
7		1				2		4
		6					8	9
4						3	5	
2	6	5	3		9	8	4	
			4		5			
		3	2	7			9	

#270

3	4		8	6		1		
	2	1		4		6	9	
				2	5	3	4	
8	1			3				
			6	9	1	8		
		6		8				1
		3	4					9
	9	2	3	5		7		
	5	8		7	6		1	3

#271

3	4			1				
		6	3	8		4	2	7
			5				1	
7	8		6	9	1	5	3	
9						7		
2			7	5	8	9	6	
6	2		8		5		9	
		8			3			
		1	9		6	2		8

#272

	7			9			6	3
					5	1		
9	1	5	6					7
6	9		3	7	2	4		
8		2	1			9		
	4	7	8			3	2	
			5	2	6	7		
	2		9	8			3	
7			4		3		9	

#273

2				6	5	3	7	
8		4	3	2	7	5		1
7			4	9		6	8	2
	7	8	2	5			1	
	4		6		9		2	5
				7				
3			7					8
	8			4		2		
		7			8	1	5	

#274

	7		5		3		9	4
		3	7	1		2		
4	6	5		8			1	
		2	9	5	8			6
8	1	9		3				
6	5				2			
1	4	8		2	5	7		
3	2				7			1

#275

	8						7	5
3	7			6	8	9		4
	6			1			8	
6				7	4	8	5	
					2	4		
						3		1
5	3		4		1	7		
	1				3	5	4	6
2		7		5	6	1	3	8

#276

8					7		6	1
	6	5	1			7	3	
			6	3	2		9	8
5					8			
1	2	6			4	8	5	
					1	6	4	
			7		3		8	6
		1	8		5	9		
3			9			4	2	

#277

2		1	6	8		9	7	
				4	7			1
6	5							
4		2	7		8	6		9
	7	5		6		8		2
8			3		2		5	4
			8	2	3			7
	2		5			1		
	8		1	9	6			

#278

							8	
			6		9	2		7
			8		5		1	6
3	2			5	6	8	4	1
6				1	7		5	
9		1		2		6		3
		9	1	6		7	2	5
	6	2	5				9	
		4		9				8

#279

	3	6				4	1	2
			4		3			
4	5		7	6	1	8	9	3
	4				2			9
		3	6	7	8	1	4	5
1	6			5		3		
			5					
2			3	8	9			
6		5				9		8

#280

	9		3	6	8			7
7			5	9	4			6
6	8				2		4	
		6			1		2	
		9	4	3			7	8
	4		8					1
9	3					8	6	
4		7					5	
		8	6	1	9			4

#281

	2			6	8		1	
	5	9	4	1			8	6
	1	6						
2							6	
1	6		3			2	4	
	4				6			
	8		1			3	7	
9		2	8	7	4		5	1
			6		5	9	2	

#282

1				2				
	9	7		8				3
			4	1	9	2		7
	2	6	1			3	5	
	7	3				6	1	4
			5		3	7	2	
	5				8		7	
9			7			8		
7	8	1	9			4		2

#283

	7	2			3	8	1	
8		9		1		2		3
				2				
		4			1	9		7
9				7	2	4	3	
7	8	5			4	6		
2								5
6	9	3	1		5			2
5				6	8	3	9	

#284

2	1							
		9	1	5		2		
3		5	9	6			7	1
1		4		3		8		7
	5		7					4
7	3				6	1	5	9
5			6				4	2
	6	3		2	4			5
						6		8

#285

5			7	6				
1	2		9		8	6		4
					2	7		
6	3							8
8	7	9	2					
		4	8				6	7
9	1	2	4		3		8	
		6	1	2	5	4		
	4						7	1

#286

					5			8
8	3		4	1		7	6	
	2	6	9		3			
1		8			9			
2	6			5			8	
			8	6	4	1		7
9			3		6	8	7	2
								5
		2	5	9		6		1

#287

9			8	6		5		
	1					9	2	
		4				7		8
	8			3	2		5	4
	4				9			2
1			4	7	8			3
4	7		1			3		
	9	5	3		6	4		
6	3		9		7	2		

#288

2			1	5		9		
5			8	7	9	4	6	
9		8	4		2		7	1
		5						
		4		8				3
			6		1	2	8	
8	1		7	9	5	3		4
3	5					8	1	
4	7	2	3					

#289

		9			5	2		8
7					3			5
		5	4		2		3	1
	5							7
1	9	3			8		4	2
		4		1		5		9
		8	2					
			6	8	9		2	3
3	1	2	5					6

#290

6	4				7	5		
	7	5			4	8		1
		3		5				
	6			9				5
			5	7	6		8	
5	8		4	1		9		2
			2	4	9	1	3	
			7		1	2		
8	2	1	6				7	

#291

8	1	4			3	2		
	5			9		3	1	
9			6	2				8
	2		3		9			5
3			4	5	7	8		
	4	5					9	3
		3			5			
5	8				2		7	4
	7			6		5		1

#292

		5	3			8	9	4
		4			9	7		6
		9	7		8	1		2
				8	1	3	7	
4			5	3				1
	1	7		9				8
5		2		6	3			
			9			2	1	
9			8			4		

#293

	1	8	2		5			
6		5	3				2	9
	9					5	1	8
			1					4
		9	8	3	4			6
8		7	9				5	
7	6		4	2				
5				7	3	9		
9			5		1			2

#294

	1				6	3	4	
6	5		2			1		7
	4	7				5		2
7					4	8	5	
				2	5	9		6
9						4	2	1
		2		9	1	7	8	5
1	9		7	5				
		4		6		2	1	

#295

	5							7
6	4	7	2				3	
3			6		1			
2	7		9	4				
					5	7		
	3	8	7	6		9	1	4
8	2	4	5			3		
7		5		2		4	9	8
			8		4			2

#296

5				4	9	8		6
			5	2	6			
		4	7		8	9	5	
	7			3	1		6	9
6	4		9		7	5	2	
	9				5	1		
	3	7				6		
9								
4	2				3	7	9	8

#297

	6				2		5	
	2		4			7	8	
		9		5		4		2
7	4	8	2					1
	9	2	1	4		8	7	
5				7	6		9	
9		6	5					
8	3	4		6		9	2	
2	5	1						

#298

	7	8	6	1			4	5
3			4	9			1	6
	4	1		2	8		9	
		5	9	7			3	
	3			8	4			
1	8	9	2			7		
		4	3		2	5		9
	9	7			1	6	2	

#299

	6					2		
8	7	1	3	9		6	4	
2	5				6		7	
7		6	1	5	3	4		
	3				9	7	6	8
		2		6				1
	1			2	7		3	
		7	8		4	5		6
					5		2	

#300

9								6
		3						
8		1			6			
	9	7	8		5	4		1
3	4			6	1	2	9	5
5	1			2		8		
		9		5	8	6		4
6	8	2	9	4	7	5		
	3	5				9	7	

#301

	1	4	5			8		
			3					
	7	6						
6		1	4				2	9
			6	1			4	8
4			2	3	7		6	1
	5				6			2
	4	2	1	5	3		7	6
7	6		8	2			5	3

#302

5						3	7	1
1	2			9	5		4	8
6			1	7		5		9
7	5	6		3		8		2
			8			7		
8	1			2	7	4		
9				4				5
					9	2		7
2			7	8				

#303

4		3	9	2			1	
	5		1			6		
	7	6	5					2
				4	5	8		6
			8			7	9	
6			2	9		4		
8		7		1		3	4	
5	2			3			6	
			4	5			7	9

#304

	5			9			4	6
	2		5		8	3	9	
		6		4	3	8		
4				7			8	9
5	7	3		8				
8	6		2					4
2	8	7	6			4		5
		5				2	6	3
6		1					7	

#305

					9			
6		9	1	4	8			
7	8		6				4	
		6		8	7		3	9
	9		3				7	4
3	7		2	9	6	8	5	
2	6		9			7		8
			8	6	5			2
	4	8				5		

#306

	1		6				8	
	9	6	4			2		5
8			2	9	3			1
	4		3					
1		3	7			6		2
2				1			5	
5		4			9	8		6
7	6	8						
9	3	1				5	4	

#307

9	6				1			
5			3	8				2
		8		9		6	1	3
	4		9	6			8	
		7	8		2	3	4	9
				7	4			
1	5			4	9			7
3					7	9	2	
	9	2				1	6	4

#308

	4		2		8	7		6
2		6	7	5	1	4	9	
8		7			9			
4	5		3	1	2			
			5		4	1	8	3
				9				
1	9			6			2	5
5	8						6	7
	6	2				3		1

#309

	4		3	5		2		
	1		8	6			3	4
	3	7					5	
3			4	8	1		9	5
	5	4		7				3
		9			5	6		
7	6					4		
5	9	1		4	8		7	2
			7		3	5		1

#310

9					2			
	2	5	1	8	7			9
	6		4	5		8	2	
1		2	3		6			7
	3	6				2		4
8	7				5	9		3
6		9	5		1	3		8
		3	9			1	5	
							9	6

#311

					9	7		1
1	8		7			5	4	3
					4		9	6
8	4		9		2		1	
5								
2	9		6	1	3		5	8
	1	8	2		5			
		2		4		9		5
6		4			7	1		2

#312

8	9	4	2		5	6		
			6	1	9		7	
		6			4	2		9
					7	3	2	
	2	1	5					7
	6		4		8			
6	4				2		8	1
	5	9		4				2
2		8			1		6	4

#313

9				3	5	2		
8			6			7		
		6				5	8	3
				4	6			
1				5				8
7	2		3	1	8	6	4	
						3	5	
5		8	2	6		4	9	7
	1	7		9	3			6

#314

8			4			2	6	5
3			1	8				
	4	2	9		5			
	8				4	7		
9			6	2	1			
1				3	8	9	4	6
	9				6		5	4
4						6	9	8
	6		3	4			2	

#315

			3	2		4	9	8
4	2	3			8		5	
9				6	1	2		3
5		4						7
		9				6	2	1
6	7			1		5	8	4
7						3	6	
			2			8		
2	5	6	8				1	

#316

	8					1	4	5
	4			2		6		
9						3		
3	2		5	9		8	1	4
	6		2		8	5		7
	5			3	4		6	
	7	4	6	5				1
	9			7		4		
	3	1		4	2	7	5	

#317

	2				7			9
	1		2		5			6
					4	2		8
1	3		7	4	8	9	2	
	8	2			1			4
5					3		7	
2	4		5		6	1	9	
	5	9						3
	7		4	8		5		

#318

	3		5	8				9
					3		6	8
	6		4					
	5	3				6	9	
			3	6				
6		4	9		5	1	8	3
	4		6		7			
	1		8		2		3	7
9	2	7	1	3	4			

#319

7						1	8	
						5		9
			1	6		7	4	2
		6	7	4	3		5	8
	4	7	8	9			6	
		9		5		4		
	9	2			8	6		5
6	7		5		9	8		
		8			6	2		

#320

	9	8	3	2	5			6
		4	8	9	7			
		5				9		8
			5				8	
	4	1	9		8	3		
	8	7			6		5	
	5	9				6	1	3
	1				9		7	
6		2	1	4	3		9	

#321

3			1	5	9	2	4	
							7	
5		4	3					1
		3	5		1	6		
6	9				7	4		
8				4	3	5	9	
		9			2		5	4
	5		9			1		2
2	4					7	3	9

#322

			7		1		3	5
2		5		3		1		
7	1		5		2	4	6	
1		8	9					
6	5		3	8		7		
				2	6		5	
8					9	5		3
		1	8	6	5		2	
			4		3			1

#323

							9	
	7		9	8	6	2	1	
		3		4		7		
7				3	8	9	5	2
9	5			1			3	
2		8	7	5		1		6
	6							
		4	1		7	5		8
8	1		3			4		9

#324

			7		1	5	3	8
5		4		9				2
	1				5		4	9
		1			8	3	5	
3	4	6				8		
							9	1
		8	5	3		9		
			9		4	6	8	5
4		9	6				1	3

#325

			9		6			1
		1			4			7
	4	2	3				9	8
		6		1		4		3
1			4	3	8	9		6
7	3		6		9		1	2
	8		1			7		9
		7		9				4
		9			3		8	

#326

		4		9	8	6		
	8		3				7	
9		6		4				2
	5		8	6				7
6	4	9	7	3		2	5	8
8	7				9		6	
			6	7	3	5		9
4				1				
3	9						2	6

#327

	2	6				5		1
		3		2		6	7	
				5		4		
	3		4					5
6		5		7	1			4
9		4		8			6	7
2	7			1				6
	6	1	9			8	5	
4		8		6	2		1	

#328

8	9			6	2	7		
	1	3		5	7		6	8
		5	1		8			
			2	1		5		7
3				4		6	1	
		9				4		2
5		1	9	2				
	4		5			3	9	6
9			6	7			2	

#329

6	1		9			3		7
			2	7		5	1	
8	5	7		6	3	9	2	4
7	3				5	8		
		8		4		6		3
	6	4					9	
3	2				7			8
1			4					
		5					3	9

#330

3				2	5		8	
4		2		8			3	6
5			6		9	2		
9	8				2		5	
1	2					3		
	7	3			8	1		
	5	6	1	7				9
	4	9	8	5				
		1	2		4		6	

#331

9				4	2			
4	2	3	5		8			
	1	7	3		6		8	
		9		7				
	7		8	6		3		
	8	1			5	2	9	
	3				7			
7	4	5				9		
8	9		1	5		7	6	

#332

6	2		3	5	8	7	1	
3	5	7		9		6	8	
8		1		6				2
		5	6	2		8		1
1				8	5			
					1		6	
4			5	3				
	3	9					2	
5			2		6		9	

#333

2				7		8		
			5			2		9
	6	4	2	9				
		7				6	3	
	9		3		1		2	
3	5	8			6		9	
8		3	6		5			2
9	4	2				3	6	
	7		9	3	2	4		

#334

2				3		1		4
5	6	4				7	3	
		1		6	4		5	
				7				
6	4	2	9				1	
		3		4		9	2	5
	3	9	5	2				
8			3		1			2
	2			8			9	3

#335

		3			9	5		4
	6	8	5	2		9		3
5					6		8	
2		7			1			6
6	3	4		8	2		9	
		5		4			7	
			1		5		4	9
	9				7		5	1
	5			9			2	

#336

	5	6	7					
	3			5	4			2
	4	1	3	8				7
	7	4					3	1
3			1		7		8	
		2	4		9	7		
5	1		9	4	6			8
4	2	9		1				5
						4		9

#337

		4	2		3	6		
3	9	1			6		2	7
	6		1				8	
4			7	3		9		
9		2	5		4			
1	3	8			9			
		5		6	2		7	4
6			4					
7				5	1	2	6	

#338

	1		2	8		3	7	
	8		1	3	5			
4	5			7			1	
			8	6	7		2	
1	7	5						9
8								7
7	4		3	1		9		2
				9			4	3
	3	9			2	1		6

#339

4	8	3	9		6		7	1
2	6						5	4
	1		8			6		
8		4	3			1		6
9	3	1		6		7		
6	2					5		3
			2		3		8	
3	9	2	5					
	7					3		

#340

8	2		4	1		7		
		5	8			3	4	9
				3		1		
		7			4			
5		6	9			2	3	7
	8	2	3	6	7	5		4
					5			
	7	8		9			2	
	5		7	4		6		

#341

		6		5		4	2	9
		2	9		1			7
7	9	5	2	4				8
6	4					2		
		7		9		5		
			7	1	4	9	6	
2			4	6	3			5
		4	8	7			1	
			1		9			6

#342

				1	4	2	5	
3		4		5	9			
			2	3	6	4	7	
9	1	2	4	6	5			
6				8		1		
4		8			7	9		
	7	3		9		5		
		9				3	1	6
1			3				9	2

#343

7	5			8				
4	9	2	1	7	3			5
	6		5		9		4	3
		4		9				
3	2		4		8		9	
		5		6	7	4	8	
					1			
		9	7	5	2		3	1
			9					8

#344

2		6	7	1			3	9
		5					2	7
	3		8			4	5	
			9			7	6	
	8	9				3	4	
4	5	7	2	6				1
	6	3		5	8	2		
			4		2	6		3
						5	9	8

#345

		6			4			5
	5		2		3	7		
4	2							
9	7	4	3					
3		8		5			7	
2	6		9			4	8	3
1	8		5	2		9		4
6			7			2		
5	3		8		9	1	6	

#346

	4							
6		5						
9			7			5		6
1		2	6	9				5
	9			2	7		3	8
3	7			1			2	9
8			2		1			3
		1	9	3	4	8	5	7
	3		8	5	6	2	9	

#347

2		3		5			9	1
5	9			6	1			2
	6		7				5	
	2	9	6		8			
1		6			9	7		8
8		7		1				
						9	2	
7	3	2	9		6		1	
9	1	5		2			8	6

#348

	1		2				9	
6	8					5		
				5	8			
	5			9	7	1	2	
9	7	4		1		3		
2	6	1			4		8	
	4		3		1	9		
1	2		7	4		8		3
7	3				5		4	

#349

		4	6	3	9	8	2	7
				4	2		1	
3			1			6		
2		5	8			7		9
6	4						8	
9		1		2				
7	6	8	2					1
	1		9	6	7		5	
		3	4	8				

#350

8	2	1					6	9
9			6	1		8		
	6	3	8					
	8	9			4		5	
4					2	3	7	
1				7		4	9	
6	4	7				9		3
					8	7		
3		8	4			6	2	5

#351

	7	6		9	8			
4	9		6		2		8	
8		1	4	5			6	9
	2					6	9	
		3	1	6				
6	4		2			3	7	
5	1					9		2
3		4	9			8	5	
9					4			

#352

3				8		1	2	
	4				7	8		3
2	1	8		6				7
		1	7	9		2		
		4	2			7	3	
7						5	6	
		5	9		3		7	
6		3		1		9		8
4		9				3	1	5

#353

7	8	5	9			6		
	9			8	7			
		3			5		8	
			8	7	4	3	2	
		4	1	5	9		6	
			3	2	6		9	
3			7	9	1	2	4	
1					2		7	
					8		3	9

#354

5			3	6		1	7	8
	4	8			9	3		6
		7		1			2	
4			7			8		
		3			6	2	4	7
		9			1	6		5
	7	4						
	5			8	7	4		2
9		1				7	6	3

#355

3			7	1	4	2		6
2	6					5		
1	4			5	6		3	8
	2	4				6	1	5
		6		9		4	8	2
	8							
	7	5	1			8	6	
		2	8		3		5	
	1	3		6		9		7

#356

	3	4	1			2		8
6				9		7	3	
	7	8				4		6
		2	7					
	5			8	1	6		2
	9	7	6	2	5	3		4
			2	7		1		
7			5			8		
2		9			8	5		

#357

		5		9	3		8	2
			2	6		3	5	
				8	4	7	6	
3		2		1	9		4	
		4		7	5	2	1	
					2			
5	4		9	2	7			
	3	8	1			9		
6				4	8	1		5

#358

1	9		7				5	
			4	9	5		1	
	5	7				6	9	
	1	9			7			8
8			1	2	6	9		
	7		9	8				6
			6				4	9
						5		3
9	4		5	3		7	6	

#359

			2		1		4	3
	3		9		6	8		
	2	6				7	1	9
			3	6	2	1		
	1		5		4	2		
	6				7	3	9	5
				1	9		7	
5				2	8	4	3	
6			4	3	5			

#360

9			6		2			
		5	3	4			7	2
	4	2			5	6	9	
6			5	2	1	7		3
7		3	8			5	2	9
5			9		3			
4				5				1
	5			3	8			
2		7					8	

#361

6				9				1
		7		4		5		9
4	9					2		3
			1			8		
	8	4	6	3			5	
9	1	6	8					
			5		7		3	2
	2			6	3	9	1	8
	6	1			2	7		

#362

	7		1	6	4	2	3	8
8	3		2	7	5		4	
4		2						
	8	5						3
1		3	5		7			2
2				3	1	8		7
9		1		5			8	
					3	9	2	
3	4					7		

#363

		3			5		7	6
4	6	9	7	3		8		
	5				2	3		1
		7				1		
	4	5						2
6	1		3		9	5		
		6	1	4		2		
8		1	2			4	5	3
2				5	8			7

#364

	4				1	3	7	
	7		3				5	
5			7			9	4	8
					6			
4		8	2		7	6		3
2	9			3			8	4
1		5	9	2	8			
9	8			7	3			
7	2	3	6		4			

#365

	9	1	5	8	7	4		
		8			4	6	1	7
3					6	8	5	9
1			9	4		2	7	3
2					1			8
	8	3					9	
						7	4	
4		2					8	1
			4			9	2	

#366

		3		9	1			8
		8					5	2
9	6	4	5			7	1	3
6	9	5				3		
		7	1		5		4	9
4	8		6		9		7	5
5	7		3	1				
8			9	5	6			
	3				4			

#367

		5				8	2	
	4	7	3			6		5
2				4	5	1		
			1	8	9			
			2	5		7	3	
5	1		7		4		8	6
6			4	7		2		9
9	2	1	5		8			7
			9	1				

#368

					4			1
	8				1		9	
9		4		7		2	6	5
			9		5	1	2	6
	2	9			6		4	8
6	4	5		1		9		3
	3			8	7		5	
		8		6	2	7	1	
		1		5			8	

#369

	9			8	4			
	4	1						5
	2				1	3	4	
3	7	4				9		8
		6		4				1
		5	8	9		7	6	4
			4	3	8			6
					7	5		3
	3		9	5		4	7	2

#370

4	9		8	5				1
	7					9		
		1	2	9	6	7		
	5	4		6		1	2	8
1				8	2			
8	2		5		1	6		
2				7	5			
		7			8	3		
3	1	5		2			7	6

#371

9	5							4
4			7		5			
7		8	4		6			
2	4		8			7		
			2			9		3
	1	9	5	7				
	6	7	3		8			9
		4	9	5	7		2	6
	9	2	6	4		5	8	

#372

		5					2	
8	1	7	5	6				
4		2	8		3	6		
	7			5			6	2
9				7	6	1		8
				3		7	4	
			1				8	
	3	8		9	5			
7	5	1		8		2		6

#373

	4	1		9		7		3
		3			6	4	1	
6		5					9	8
		2			4	8		6
			2	6		5		9
	3	6		8		1		7
				1	9	3		2
3	8		6					
1			3	5				4

#374

6		5			2			4
			7	5	3	2		6
1	2	7		9				
3	7	4			9		2	1
							8	7
				7	5			
4		3				8	6	2
		6	9			7	4	3
	8		4				9	

#375

2	1	8	7					
5	7	9	8	2	3		4	
4		3						7
	2				9		1	8
9		5		1			6	
6		1	4			2		
		2	6	3			8	
8		6		5				1
	9					6	5	

#376

4	1	2				7	6	9
	7	3		1		4		
				4				
	3	8			5			4
7	2					9	1	5
1		4			7	3	8	
	4							1
	8	1		3	9	6		7
		5	4				3	

#377

2				5	3	7	8	9
	4		6	9	2		5	
	9							4
			7			5		2
				6	8		3	
	5			3			4	6
4	6	1				3		
5	3	2	8	7	6			1
9		8	3			2		5

#378

				8		5		2
9	5			6	4	1	3	
4					7	8	9	
	9			1	5		7	8
5			7	9	2	3		4
		6	4					5
		9	5	7	6		8	1
			1			7		
				2	3			

#379

3	4	6		2		9		
2	5			8			1	4
	1			6	4			2
				9				7
	3	2		7	1			8
7	9					1	5	
4			3		6		7	
		8			9	2	4	
	7		2	4	8			

#380

8	2				1		6	7
	9	5	3			1	2	
		6		8				
			1		4		7	5
2				6		9		3
	5	3	2	7		6	8	
	8		6		7			
	7		4	9	3			6
		1			5		3	

#381

	9	6	8	3	5	7	2	
2	5				9		6	
8								4
5		2	9		8		4	6
9	6	8						
					6	1		9
	8							5
1	2		4	6	3			8
3	4	9					1	2

#382

				5	2		8	7
	8		3					
			1		8	3	2	5
		8		7		5	3	
6		1	5				9	8
7	9		8	3	1			
1	5	4		8				
8	2	6		1	3			
9	7				5			2

#383

	1	8			6		4	
7			4				9	
4			5	2		8		1
			8		1			3
			7	4				5
2	5							8
	6	2			5	3		4
		5	9			2		7
8	4	7	2	6		1		

#384

9			7			3	2	6
		8	6	3			4	9
7		3	9	2		5	1	
3	8	4		6	2			
2		7	1			6		3
5			3	7				
8		1	2	5			7	4
			8					5
	5							

#385

9				3	2	8		
	7	4		8	9		5	
		5	7		4	9		
	5				3	6		
	2		4	6	1			5
1	6	7			8			4
				9		1	2	6
		2		4	6			3
6	8		3		5		7	

#386

3							1	
8		1		2		3	5	6
		4		7				8
	4	5			8		7	
2					5	8	4	3
	8		7		2	5		1
5		8		6		7	3	4
		2			7			5
		6	5	9	4			

#387

	8	2					5	
5			2	4	1		7	8
			7					
9	7		5	1		8	6	4
1		8	4		3			5
			9	8	7	1		3
		9		7		5		6
			1		5			
	4	5	8	9	6		1	7

#388

	3				4	9	7	
	2			3	5			
6		5			9		3	
	8		6		2	7	9	
	5	7	9	1	3			6
		6		8			2	
			7	4			5	
5	7				6	8		
3	9				8	6	4	

#389

4	6		2		3			7
	2	8		7	1	3		9
3				5	9	2	4	
6	3			2		8		1
			3			4	5	
2				4	7			3
9		6					8	4
7			8					
8						7	2	

#390

		9	4			7		
1			6	2				5
		5		8	9			
4		7		5				1
3	9	8		6		4		7
	1		7			2		8
			8			5	7	2
9	8			7				4
		3			1	8	6	9

#391

1		2	7	8				
				4	3	2		
		3	1			7		
		1				9		
8		6	9	2		5		
	5			7			4	
7	1	5			6	8	2	9
9		8	2		7	1		
	2	4		1				7

#392

		6			9	1	4	7
4							9	
8	9			7	4	3	2	
5	6	2		4	7	9		1
	3	4						
1		9	2	6		4		3
				1		7		9
	1	8			2	5	3	
			6				1	

#393

7	8	2				6		
1	5			4	2	3	8	
	4	6	9		8			5
8	7							
					9		5	
			5	2	3			1
6		8		5		1	3	4
	3	7	8	9	1	5	6	2
					4			

#394

		8			2	5		
4			9					2
9	6	2		4		1		
5	9	1		8	4		6	
	4	7	6			2		8
		6		7				5
				2	7			
7			8	9	6			
8	1	9		3			2	6

#395

9		7			5			2
3						9		
1	8	6		7	2			
		5	7		9	2		1
7	1		2			3	6	5
4			5		1		9	7
6			1	5	7			
	3	1	4		6			
2	7	4						

#396

		1		9			5	
9		8		7		3		6
2		4					8	7
5				3	8	4		
		7		4		1		
	4		5	2	1			
	9	2			7	5	4	
3	7	5					2	1
4			1		2			3

#397

		6	3	4	5	7		
1		4		7				2
9		3		1	6		8	
	3				8			5
6		9		5	4	1		
		5			2			
7	4	8						
3			5	8	1	6		7
5		1	4		7	2		8

#398

				2				
1	8				3			6
6		4		5		1		3
	5		7		2	3	4	9
7	4						8	
	6				4			
9	1	8	2			7	3	5
	2	6	5		7	8		
		7		8		2	6	

#399

7	5	9		1	2	4	3	
		2	8	3				7
3			9		7	5	2	
	2					6		3
			3				5	2
9	3	7		2				
4		6			3			
2	9		4	6	8			5
	7	3		9				6

#400

5	7		3		4			
			2	9	5			
	4			1				5
1	9			5	2		7	
		2	1	4		9	5	
		4		8		1		6
	1	8				2	6	4
	2			3		7	8	
4		7			1			

#401

9	5				4	7		
7			1		5	9		6
	6	8	3		9	1		5
							9	
	2			5	1	3		
3			9	4		8		1
		4	6	9	7	5	1	3
	1	3		2				9
			4		3		8	

#402

9	5			4			1	
4		8					9	7
	7			2			5	4
	4	3	5				7	
1		7	9		4	2		
2			3	8	7		6	
			8	3	5			9
				9				3
	3	9		7		5	4	

#1

1	7	8	9	5	4	3	2	6
6	9	5	2	1	3	8	7	4
2	3	4	7	6	8	5	1	9
5	2	7	1	4	9	6	8	3
8	1	9	3	7	6	2	4	5
4	6	3	5	8	2	7	9	1
9	5	6	4	2	7	1	3	8
3	8	2	6	9	1	4	5	7
7	4	1	8	3	5	9	6	2

#2

3	7	6	1	8	9	2	5	4
2	9	8	4	3	5	7	1	6
5	1	4	7	6	2	8	9	3
4	8	7	2	5	1	3	6	9
6	3	1	8	9	7	4	2	5
9	2	5	3	4	6	1	7	8
8	6	2	9	1	4	5	3	7
1	4	9	5	7	3	6	8	2
7	5	3	6	2	8	9	4	1

#3

7	5	4	1	6	3	8	9	2
1	9	8	2	4	7	6	3	5
2	6	3	9	8	5	7	4	1
4	3	6	5	9	8	2	1	7
8	2	7	3	1	6	4	5	9
5	1	9	4	7	2	3	8	6
3	8	1	7	2	9	5	6	4
9	7	5	6	3	4	1	2	8
6	4	2	8	5	1	9	7	3

#4

5	6	9	2	4	3	1	8	7
8	3	2	7	1	5	4	6	9
4	7	1	8	6	9	2	5	3
1	2	6	4	5	7	9	3	8
9	8	7	1	3	6	5	2	4
3	4	5	9	2	8	7	1	6
6	5	4	3	9	1	8	7	2
2	1	8	6	7	4	3	9	5
7	9	3	5	8	2	6	4	1

#5

4	8	2	3	9	1	7	6	5
9	5	1	7	8	6	4	3	2
7	6	3	4	2	5	9	1	8
3	1	7	2	5	4	6	8	9
5	4	6	8	3	9	2	7	1
8	2	9	1	6	7	5	4	3
6	3	8	9	7	2	1	5	4
2	7	4	5	1	8	3	9	6
1	9	5	6	4	3	8	2	7

#6

7	5	3	1	8	4	9	2	6
4	2	6	3	5	9	1	7	8
1	9	8	2	6	7	4	5	3
6	4	5	8	3	1	2	9	7
8	3	7	5	9	2	6	4	1
2	1	9	7	4	6	3	8	5
3	8	4	9	1	5	7	6	2
9	7	1	6	2	8	5	3	4
5	6	2	4	7	3	8	1	9

#7

6	8	1	4	3	2	7	5	9
4	3	9	6	5	7	1	2	8
2	5	7	8	1	9	3	4	6
1	2	3	7	9	8	4	6	5
7	4	8	5	6	3	9	1	2
5	9	6	1	2	4	8	7	3
3	1	2	9	7	6	5	8	4
9	7	4	2	8	5	6	3	1
8	6	5	3	4	1	2	9	7

#8

7	2	1	6	9	4	5	8	3
6	4	5	2	3	8	7	9	1
3	8	9	5	7	1	4	6	2
4	3	2	8	6	7	9	1	5
5	9	8	4	1	2	3	7	6
1	7	6	3	5	9	2	4	8
8	6	3	7	4	5	1	2	9
2	1	7	9	8	3	6	5	4
9	5	4	1	2	6	8	3	7

#9

5	4	2	1	3	9	8	7	6
1	9	8	7	4	6	2	5	3
7	6	3	5	2	8	1	4	9
3	8	6	2	9	7	4	1	5
9	2	7	4	1	5	6	3	8
4	5	1	8	6	3	7	9	2
8	1	9	6	5	4	3	2	7
2	7	5	3	8	1	9	6	4
6	3	4	9	7	2	5	8	1

#10

1	6	2	9	3	8	7	4	5
3	8	7	5	4	1	9	6	2
4	5	9	6	2	7	1	3	8
9	4	6	7	5	2	8	1	3
2	1	5	3	8	4	6	7	9
8	7	3	1	9	6	5	2	4
5	2	1	8	7	3	4	9	6
6	9	4	2	1	5	3	8	7
7	3	8	4	6	9	2	5	1

#11

8	1	4	3	9	5	2	7	6
9	5	2	7	6	8	4	1	3
6	7	3	1	2	4	8	9	5
4	3	6	5	7	9	1	8	2
5	8	7	2	1	6	3	4	9
1	2	9	4	8	3	6	5	7
7	4	5	6	3	1	9	2	8
3	9	1	8	5	2	7	6	4
2	6	8	9	4	7	5	3	1

#12

5	1	7	9	4	3	6	8	2
2	6	4	8	5	1	3	7	9
3	9	8	2	7	6	4	1	5
1	5	9	6	3	7	8	2	4
6	4	3	1	8	2	9	5	7
7	8	2	4	9	5	1	6	3
4	2	1	5	6	9	7	3	8
8	3	6	7	2	4	5	9	1
9	7	5	3	1	8	2	4	6

#13

9	3	6	7	2	4	1	8	5
5	4	2	6	1	8	7	3	9
1	7	8	3	5	9	6	2	4
3	9	1	5	8	7	2	4	6
8	6	4	2	9	1	5	7	3
7	2	5	4	3	6	9	1	8
4	5	3	9	7	2	8	6	1
2	8	9	1	6	3	4	5	7
6	1	7	8	4	5	3	9	2

#14

5	8	9	3	6	2	1	7	4
4	3	7	1	5	9	8	6	2
2	1	6	4	8	7	9	3	5
3	2	8	6	4	1	7	5	9
9	5	4	7	2	8	3	1	6
6	7	1	5	9	3	4	2	8
1	4	2	8	3	5	6	9	7
7	6	5	9	1	4	2	8	3
8	9	3	2	7	6	5	4	1

#15

3	9	1	2	8	4	7	6	5
4	6	2	7	1	5	8	9	3
5	7	8	9	6	3	1	2	4
6	4	9	1	5	2	3	7	8
2	5	3	8	7	9	6	4	1
8	1	7	4	3	6	2	5	9
9	3	6	5	2	8	4	1	7
1	8	5	6	4	7	9	3	2
7	2	4	3	9	1	5	8	6

#16

9	5	3	6	2	4	1	7	8
4	1	2	8	9	7	6	5	3
6	8	7	5	3	1	9	4	2
7	6	8	4	1	2	3	9	5
3	4	5	9	7	8	2	6	1
2	9	1	3	5	6	7	8	4
8	3	4	2	6	9	5	1	7
1	2	9	7	8	5	4	3	6
5	7	6	1	4	3	8	2	9

#17

7	4	2	6	5	8	1	3	9
5	8	3	1	9	7	4	2	6
1	6	9	4	3	2	8	5	7
9	2	6	7	4	5	3	1	8
8	5	1	9	6	3	2	7	4
3	7	4	8	2	1	6	9	5
2	9	8	3	7	6	5	4	1
4	1	5	2	8	9	7	6	3
6	3	7	5	1	4	9	8	2

#18

4	7	6	5	1	8	2	3	9
2	8	3	6	4	9	5	7	1
5	9	1	2	3	7	4	8	6
6	2	7	1	5	3	8	9	4
9	1	5	4	8	2	3	6	7
8	3	4	7	9	6	1	2	5
7	4	2	8	6	1	9	5	3
3	5	8	9	7	4	6	1	2
1	6	9	3	2	5	7	4	8

#19

3	1	6	5	8	2	9	7	4
2	4	8	7	6	9	3	5	1
5	7	9	1	4	3	6	8	2
8	9	1	4	3	6	5	2	7
6	2	3	8	5	7	1	4	9
4	5	7	2	9	1	8	3	6
9	8	2	6	7	5	4	1	3
1	3	5	9	2	4	7	6	8
7	6	4	3	1	8	2	9	5

#20

4	2	3	5	7	6	1	9	8
8	6	5	9	1	2	7	3	4
1	7	9	8	3	4	6	2	5
7	9	1	3	6	5	8	4	2
5	8	6	2	4	9	3	7	1
2	3	4	7	8	1	9	5	6
3	5	8	1	2	7	4	6	9
6	1	2	4	9	3	5	8	7
9	4	7	6	5	8	2	1	3

#21

2	3	7	6	4	5	9	8	1
6	1	4	3	8	9	5	2	7
5	8	9	2	7	1	4	6	3
9	5	6	4	1	8	7	3	2
1	4	8	7	3	2	6	9	5
7	2	3	5	9	6	8	1	4
4	6	1	8	2	7	3	5	9
3	9	5	1	6	4	2	7	8
8	7	2	9	5	3	1	4	6

#22

7	4	5	9	6	3	2	8	1
8	1	3	5	2	4	9	7	6
2	9	6	8	7	1	4	3	5
1	3	7	6	4	5	8	9	2
9	8	2	1	3	7	6	5	4
6	5	4	2	8	9	3	1	7
5	2	1	3	9	6	7	4	8
4	6	9	7	5	8	1	2	3
3	7	8	4	1	2	5	6	9

#23

8	5	3	6	9	2	7	4	1
1	9	7	4	8	3	2	6	5
4	6	2	7	1	5	8	9	3
7	4	1	5	6	8	3	2	9
3	8	9	2	7	1	4	5	6
6	2	5	9	3	4	1	8	7
5	7	8	1	2	9	6	3	4
2	1	4	3	5	6	9	7	8
9	3	6	8	4	7	5	1	2

#24

4	7	2	8	9	5	6	1	3
8	3	6	7	1	2	5	4	9
9	1	5	6	3	4	7	8	2
5	9	1	4	8	6	3	2	7
7	6	8	5	2	3	1	9	4
2	4	3	1	7	9	8	6	5
3	5	4	2	6	8	9	7	1
1	8	9	3	4	7	2	5	6
6	2	7	9	5	1	4	3	8

#25

2	3	6	4	7	1	9	5	8
9	5	7	3	8	2	4	1	6
1	8	4	9	6	5	3	2	7
8	6	5	2	4	3	7	9	1
4	7	1	6	9	8	2	3	5
3	2	9	1	5	7	6	8	4
7	9	8	5	2	4	1	6	3
6	4	3	8	1	9	5	7	2
5	1	2	7	3	6	8	4	9

#26

6	8	3	2	1	4	7	9	5
7	5	2	3	8	9	6	1	4
1	9	4	5	7	6	3	2	8
8	4	1	9	2	3	5	6	7
3	2	6	7	5	8	9	4	1
9	7	5	6	4	1	8	3	2
2	1	9	8	6	5	4	7	3
4	3	8	1	9	7	2	5	6
5	6	7	4	3	2	1	8	9

#27

7	9	2	1	6	8	4	5	3
5	8	6	3	4	7	1	9	2
3	1	4	5	9	2	7	8	6
1	2	5	6	7	3	8	4	9
8	3	9	4	2	1	5	6	7
6	4	7	9	8	5	2	3	1
2	5	8	7	3	9	6	1	4
9	6	1	2	5	4	3	7	8
4	7	3	8	1	6	9	2	5

#28

2	5	6	1	8	4	9	3	7
4	3	7	6	9	5	2	8	1
1	8	9	3	7	2	4	5	6
3	7	2	4	5	6	8	1	9
8	6	1	7	3	9	5	2	4
5	9	4	2	1	8	7	6	3
9	4	8	5	6	1	3	7	2
6	2	3	8	4	7	1	9	5
7	1	5	9	2	3	6	4	8

#29

6	9	8	3	2	7	1	4	5
5	1	2	4	6	8	7	3	9
7	4	3	5	1	9	6	2	8
8	3	4	6	5	2	9	1	7
2	5	7	1	9	4	3	8	6
1	6	9	8	7	3	2	5	4
4	2	6	7	8	1	5	9	3
3	7	1	9	4	5	8	6	2
9	8	5	2	3	6	4	7	1

#30

8	5	1	9	2	6	4	7	3
3	6	2	4	1	7	5	9	8
9	4	7	8	5	3	2	1	6
1	3	9	6	8	2	7	5	4
2	7	6	1	4	5	3	8	9
5	8	4	3	7	9	6	2	1
6	2	8	5	9	4	1	3	7
7	1	3	2	6	8	9	4	5
4	9	5	7	3	1	8	6	2

#31

4	6	8	2	5	9	3	7	1
1	7	5	4	3	8	6	2	9
2	3	9	6	1	7	4	5	8
9	4	1	8	2	6	7	3	5
6	8	2	3	7	5	1	9	4
7	5	3	1	9	4	2	8	6
3	2	4	5	8	1	9	6	7
8	1	7	9	6	2	5	4	3
5	9	6	7	4	3	8	1	2

#32

7	4	6	2	5	3	8	9	1
1	2	3	6	9	8	7	4	5
8	9	5	1	7	4	2	3	6
6	7	8	5	4	9	1	2	3
3	1	9	8	2	6	4	5	7
4	5	2	7	3	1	6	8	9
9	3	7	4	1	2	5	6	8
2	8	1	9	6	5	3	7	4
5	6	4	3	8	7	9	1	2

#33

5	3	9	8	6	4	1	2	7
1	6	7	5	2	9	3	8	4
8	4	2	3	7	1	9	5	6
4	5	8	6	9	7	2	3	1
7	2	1	4	5	3	8	6	9
6	9	3	2	1	8	4	7	5
3	7	4	9	8	6	5	1	2
9	1	5	7	3	2	6	4	8
2	8	6	1	4	5	7	9	3

#34

1	9	5	2	4	3	7	8	6
8	2	3	6	1	7	9	5	4
4	6	7	9	8	5	2	1	3
7	8	9	4	5	2	6	3	1
5	1	2	3	9	6	8	4	7
6	3	4	8	7	1	5	2	9
9	7	1	5	3	8	4	6	2
3	5	6	7	2	4	1	9	8
2	4	8	1	6	9	3	7	5

#35

1	5	4	7	3	6	9	2	8
9	3	6	2	8	4	7	5	1
8	2	7	1	9	5	6	4	3
5	6	2	4	7	8	3	1	9
3	1	9	6	5	2	8	7	4
7	4	8	3	1	9	5	6	2
4	7	5	9	2	3	1	8	6
2	8	3	5	6	1	4	9	7
6	9	1	8	4	7	2	3	5

#36

2	1	8	7	3	5	9	4	6
5	7	4	8	6	9	3	2	1
3	9	6	1	2	4	8	7	5
6	8	3	5	4	7	1	9	2
7	4	2	3	9	1	6	5	8
1	5	9	2	8	6	7	3	4
9	6	7	4	5	8	2	1	3
4	2	1	6	7	3	5	8	9
8	3	5	9	1	2	4	6	7

#37

8	2	5	9	6	7	3	1	4
6	4	1	3	8	2	9	5	7
9	7	3	5	1	4	2	8	6
7	8	4	6	2	9	1	3	5
5	6	9	4	3	1	7	2	8
3	1	2	8	7	5	4	6	9
4	3	6	1	9	8	5	7	2
1	9	7	2	5	6	8	4	3
2	5	8	7	4	3	6	9	1

#38

3	1	9	5	7	4	6	2	8
8	4	5	2	6	1	9	7	3
6	7	2	9	8	3	1	5	4
2	6	4	1	3	9	7	8	5
9	5	8	6	4	7	2	3	1
1	3	7	8	5	2	4	9	6
7	8	6	4	9	5	3	1	2
5	9	1	3	2	6	8	4	7
4	2	3	7	1	8	5	6	9

#39

4	9	7	5	1	8	3	2	6
3	2	1	9	6	4	5	7	8
5	6	8	2	7	3	9	4	1
2	4	9	6	8	1	7	3	5
8	3	6	7	5	2	1	9	4
1	7	5	3	4	9	6	8	2
9	1	3	4	2	5	8	6	7
6	8	2	1	3	7	4	5	9
7	5	4	8	9	6	2	1	3

#40

9	7	4	1	8	6	2	3	5
8	6	2	7	5	3	9	1	4
5	1	3	2	4	9	8	6	7
1	8	7	3	2	4	6	5	9
3	2	6	5	9	1	7	4	8
4	9	5	8	6	7	1	2	3
6	3	9	4	1	8	5	7	2
2	4	8	6	7	5	3	9	1
7	5	1	9	3	2	4	8	6

#41

8	1	9	5	4	6	7	2	3
4	7	3	1	9	2	5	6	8
2	5	6	3	7	8	4	9	1
7	8	4	6	3	5	9	1	2
6	9	2	7	8	1	3	4	5
5	3	1	9	2	4	6	8	7
1	4	7	8	6	3	2	5	9
9	2	5	4	1	7	8	3	6
3	6	8	2	5	9	1	7	4

#42

1	5	4	9	8	2	3	6	7
6	9	7	3	5	1	2	8	4
8	2	3	7	6	4	9	1	5
9	3	5	1	4	8	7	2	6
4	1	6	2	3	7	5	9	8
2	7	8	5	9	6	4	3	1
7	6	1	4	2	3	8	5	9
5	8	2	6	7	9	1	4	3
3	4	9	8	1	5	6	7	2

#43

7	8	6	5	1	9	4	2	3
1	4	3	7	2	8	5	9	6
2	5	9	3	6	4	1	7	8
9	6	1	2	8	3	7	4	5
4	7	2	1	5	6	8	3	9
8	3	5	4	9	7	2	6	1
6	2	8	9	4	1	3	5	7
5	9	7	8	3	2	6	1	4
3	1	4	6	7	5	9	8	2

#44

4	1	9	6	5	8	3	2	7
6	5	3	2	7	4	9	8	1
2	7	8	1	3	9	4	6	5
9	3	1	8	4	7	6	5	2
7	6	5	3	2	1	8	4	9
8	2	4	5	9	6	7	1	3
5	8	7	4	1	3	2	9	6
3	4	2	9	6	5	1	7	8
1	9	6	7	8	2	5	3	4

#45

3	4	1	5	6	8	7	9	2
5	9	7	2	4	3	6	8	1
8	2	6	9	1	7	3	5	4
4	7	8	6	5	1	2	3	9
2	5	3	8	7	9	1	4	6
6	1	9	3	2	4	5	7	8
7	3	2	4	8	6	9	1	5
1	8	5	7	9	2	4	6	3
9	6	4	1	3	5	8	2	7

#46

7	1	3	4	2	9	6	8	5
6	9	4	1	8	5	3	2	7
8	2	5	7	3	6	9	4	1
4	3	9	8	5	2	7	1	6
1	5	8	6	7	3	4	9	2
2	7	6	9	4	1	5	3	8
5	8	1	3	9	7	2	6	4
3	6	2	5	1	4	8	7	9
9	4	7	2	6	8	1	5	3

#47

5	7	1	3	9	2	8	4	6
8	6	3	7	4	5	1	9	2
9	2	4	8	1	6	5	7	3
6	5	8	9	2	3	4	1	7
3	9	7	1	8	4	2	6	5
1	4	2	5	6	7	3	8	9
4	1	6	2	5	9	7	3	8
7	8	5	6	3	1	9	2	4
2	3	9	4	7	8	6	5	1

#48

2	3	6	5	7	8	1	9	4
4	7	8	1	9	2	3	5	6
5	1	9	4	3	6	2	8	7
3	4	2	6	5	9	8	7	1
6	8	7	2	4	1	5	3	9
1	9	5	3	8	7	6	4	2
7	5	1	8	2	4	9	6	3
8	2	4	9	6	3	7	1	5
9	6	3	7	1	5	4	2	8

#49

7	6	5	2	1	4	8	9	3
9	3	4	8	5	6	2	1	7
2	1	8	7	9	3	6	5	4
3	2	9	4	7	8	1	6	5
5	8	7	1	6	2	4	3	9
6	4	1	5	3	9	7	2	8
4	7	3	6	2	5	9	8	1
8	5	6	9	4	1	3	7	2
1	9	2	3	8	7	5	4	6

#50

4	1	3	8	9	7	2	6	5
7	6	9	4	5	2	8	1	3
2	5	8	6	3	1	7	4	9
8	9	7	2	6	3	4	5	1
5	4	1	9	7	8	3	2	6
3	2	6	5	1	4	9	8	7
9	7	4	1	8	6	5	3	2
6	8	5	3	2	9	1	7	4
1	3	2	7	4	5	6	9	8

#51

3	2	7	1	9	4	5	8	6
8	5	4	3	6	2	1	7	9
1	6	9	8	7	5	3	4	2
6	1	8	7	2	9	4	5	3
4	9	5	6	8	3	7	2	1
7	3	2	4	5	1	6	9	8
2	4	6	5	1	8	9	3	7
9	7	3	2	4	6	8	1	5
5	8	1	9	3	7	2	6	4

#52

3	8	2	4	6	5	1	9	7
9	6	4	7	1	3	5	2	8
5	1	7	8	2	9	4	3	6
2	3	1	5	4	6	7	8	9
7	5	8	2	9	1	6	4	3
4	9	6	3	7	8	2	5	1
6	7	5	9	3	2	8	1	4
1	2	3	6	8	4	9	7	5
8	4	9	1	5	7	3	6	2

#53

6	4	2	1	3	5	7	8	9
1	8	5	7	6	9	2	3	4
9	3	7	4	8	2	1	6	5
2	9	4	6	5	7	3	1	8
7	5	8	3	2	1	9	4	6
3	1	6	9	4	8	5	2	7
4	6	1	5	7	3	8	9	2
5	2	3	8	9	4	6	7	1
8	7	9	2	1	6	4	5	3

#54

6	3	8	2	1	7	5	4	9
1	4	5	3	8	9	7	2	6
9	2	7	4	5	6	3	1	8
8	7	4	1	6	2	9	3	5
2	6	9	5	3	8	1	7	4
3	5	1	9	7	4	8	6	2
5	9	2	7	4	3	6	8	1
7	1	6	8	2	5	4	9	3
4	8	3	6	9	1	2	5	7

#55

4	3	1	9	2	8	6	7	5
6	2	9	5	3	7	1	8	4
8	5	7	6	1	4	3	2	9
1	7	8	3	4	2	9	5	6
5	6	3	1	8	9	7	4	2
2	9	4	7	6	5	8	1	3
9	4	2	8	7	6	5	3	1
7	1	6	4	5	3	2	9	8
3	8	5	2	9	1	4	6	7

#56

7	6	5	3	2	8	4	9	1
3	9	4	7	1	5	6	2	8
8	2	1	4	9	6	7	5	3
4	5	3	8	6	2	9	1	7
6	1	7	9	5	4	3	8	2
2	8	9	1	3	7	5	6	4
1	7	6	5	8	3	2	4	9
5	4	8	2	7	9	1	3	6
9	3	2	6	4	1	8	7	5

#57

5	9	7	2	6	3	8	4	1
1	6	2	4	7	8	3	9	5
8	4	3	5	9	1	2	6	7
2	7	9	8	4	6	5	1	3
6	5	1	9	3	7	4	2	8
3	8	4	1	2	5	9	7	6
7	2	8	6	5	9	1	3	4
9	3	5	7	1	4	6	8	2
4	1	6	3	8	2	7	5	9

#58

2	5	9	8	6	1	3	4	7
7	3	6	9	2	4	8	5	1
1	4	8	7	5	3	9	6	2
6	1	7	4	8	2	5	9	3
3	8	5	1	7	9	6	2	4
9	2	4	6	3	5	1	7	8
4	7	1	3	9	6	2	8	5
5	6	3	2	4	8	7	1	9
8	9	2	5	1	7	4	3	6

#59

6	2	9	3	5	7	1	4	8
4	3	8	9	1	2	5	7	6
1	7	5	8	4	6	9	3	2
2	5	4	1	7	3	8	6	9
3	8	1	6	2	9	4	5	7
9	6	7	4	8	5	3	2	1
8	9	3	2	6	4	7	1	5
5	1	6	7	3	8	2	9	4
7	4	2	5	9	1	6	8	3

#60

6	2	3	4	1	7	8	5	9
9	1	5	2	8	6	4	7	3
4	7	8	9	5	3	6	1	2
7	8	1	3	2	5	9	6	4
3	5	6	8	4	9	1	2	7
2	4	9	7	6	1	3	8	5
8	3	4	6	7	2	5	9	1
1	9	2	5	3	8	7	4	6
5	6	7	1	9	4	2	3	8

#61

5	3	1	2	6	9	4	7	8
6	8	9	7	3	4	5	1	2
2	7	4	8	1	5	9	6	3
7	1	2	3	4	8	6	9	5
8	4	3	9	5	6	7	2	1
9	6	5	1	2	7	3	8	4
1	2	7	4	9	3	8	5	6
3	5	8	6	7	2	1	4	9
4	9	6	5	8	1	2	3	7

#62

3	8	6	7	5	2	4	1	9
7	9	4	6	3	1	2	5	8
1	5	2	4	8	9	6	3	7
4	6	1	8	7	3	5	9	2
8	3	7	2	9	5	1	4	6
9	2	5	1	4	6	8	7	3
5	1	8	9	6	7	3	2	4
6	7	3	5	2	4	9	8	1
2	4	9	3	1	8	7	6	5

#63

2	4	9	7	8	3	1	5	6
1	6	7	5	4	2	8	9	3
5	3	8	1	9	6	2	7	4
6	9	4	2	3	5	7	1	8
7	8	2	4	6	1	9	3	5
3	1	5	9	7	8	6	4	2
4	2	1	8	5	7	3	6	9
8	5	6	3	1	9	4	2	7
9	7	3	6	2	4	5	8	1

#64

5	9	4	1	7	6	8	3	2
2	6	7	8	3	4	9	1	5
8	3	1	5	9	2	6	7	4
3	4	8	9	2	1	5	6	7
6	2	5	3	8	7	1	4	9
1	7	9	4	6	5	3	2	8
9	1	3	7	4	8	2	5	6
7	8	2	6	5	3	4	9	1
4	5	6	2	1	9	7	8	3

#65

5	6	8	9	4	7	2	3	1
3	1	2	6	8	5	7	4	9
4	7	9	2	1	3	6	5	8
8	2	1	4	3	9	5	7	6
6	4	5	7	2	1	9	8	3
7	9	3	5	6	8	4	1	2
2	8	7	1	5	6	3	9	4
9	3	6	8	7	4	1	2	5
1	5	4	3	9	2	8	6	7

#66

9	7	4	5	2	1	8	3	6
1	6	8	7	3	4	9	5	2
5	2	3	9	6	8	1	4	7
8	3	5	1	9	6	2	7	4
4	9	6	2	8	7	3	1	5
7	1	2	4	5	3	6	8	9
3	4	9	8	7	2	5	6	1
2	8	1	6	4	5	7	9	3
6	5	7	3	1	9	4	2	8

#67

7	3	2	1	5	8	4	6	9
4	1	9	6	7	3	5	2	8
6	8	5	4	9	2	1	3	7
8	2	7	3	6	1	9	5	4
5	6	4	9	8	7	3	1	2
3	9	1	2	4	5	8	7	6
1	4	3	8	2	6	7	9	5
2	5	8	7	1	9	6	4	3
9	7	6	5	3	4	2	8	1

#68

2	8	6	5	7	1	3	4	9
5	3	9	4	2	8	1	6	7
7	1	4	3	6	9	5	8	2
6	5	2	7	8	3	4	9	1
3	4	1	9	5	2	8	7	6
8	9	7	6	1	4	2	3	5
4	6	3	2	9	5	7	1	8
1	7	5	8	4	6	9	2	3
9	2	8	1	3	7	6	5	4

#69

4	7	6	9	3	8	2	1	5
5	1	2	6	7	4	9	3	8
9	3	8	1	5	2	7	4	6
7	2	4	5	8	1	3	6	9
8	5	3	4	6	9	1	7	2
6	9	1	3	2	7	8	5	4
3	8	9	7	4	6	5	2	1
2	4	7	8	1	5	6	9	3
1	6	5	2	9	3	4	8	7

#70

6	5	8	3	9	2	4	7	1
1	9	7	5	4	6	8	2	3
2	3	4	7	1	8	5	6	9
9	8	6	2	3	4	1	5	7
4	7	1	6	8	5	3	9	2
5	2	3	9	7	1	6	4	8
7	1	2	4	6	3	9	8	5
8	6	9	1	5	7	2	3	4
3	4	5	8	2	9	7	1	6

#71

2	3	5	4	6	9	8	7	1
9	8	4	7	1	3	6	5	2
6	1	7	5	8	2	9	3	4
1	4	2	6	9	7	3	8	5
5	6	9	3	2	8	4	1	7
3	7	8	1	4	5	2	9	6
8	5	1	2	3	6	7	4	9
7	9	6	8	5	4	1	2	3
4	2	3	9	7	1	5	6	8

#72

8	2	1	4	6	9	5	3	7
7	4	5	3	1	2	9	8	6
9	3	6	8	7	5	4	1	2
6	1	2	7	3	4	8	5	9
5	9	4	6	2	8	3	7	1
3	7	8	5	9	1	6	2	4
4	8	9	2	5	7	1	6	3
1	6	7	9	8	3	2	4	5
2	5	3	1	4	6	7	9	8

#73

2	8	6	7	4	9	1	3	5
1	4	9	2	5	3	8	7	6
5	3	7	8	6	1	4	2	9
7	9	8	6	3	2	5	1	4
6	2	5	9	1	4	3	8	7
4	1	3	5	7	8	9	6	2
8	6	2	3	9	5	7	4	1
9	7	1	4	8	6	2	5	3
3	5	4	1	2	7	6	9	8

#74

1	4	8	6	7	2	3	9	5
6	5	2	9	4	3	1	8	7
7	9	3	1	5	8	6	2	4
3	8	1	5	9	7	2	4	6
9	7	6	4	2	1	8	5	3
5	2	4	8	3	6	9	7	1
4	1	9	2	6	5	7	3	8
2	6	7	3	8	4	5	1	9
8	3	5	7	1	9	4	6	2

#75

9	7	2	8	5	4	6	1	3
8	3	4	2	1	6	5	9	7
5	6	1	9	7	3	4	8	2
6	5	7	1	3	2	8	4	9
3	2	8	6	4	9	7	5	1
4	1	9	7	8	5	3	2	6
2	4	5	3	6	1	9	7	8
1	8	6	4	9	7	2	3	5
7	9	3	5	2	8	1	6	4

#76

7	8	3	6	5	4	1	2	9
5	9	4	2	7	1	6	8	3
6	1	2	9	3	8	4	7	5
8	4	5	7	1	2	3	9	6
9	3	7	5	4	6	8	1	2
2	6	1	3	8	9	7	5	4
4	2	8	1	9	3	5	6	7
3	7	6	8	2	5	9	4	1
1	5	9	4	6	7	2	3	8

#77

1	3	8	5	4	7	9	6	2
9	6	4	2	3	1	5	8	7
2	7	5	9	6	8	1	4	3
5	1	7	8	9	2	4	3	6
4	2	6	1	5	3	7	9	8
8	9	3	4	7	6	2	5	1
7	8	9	6	1	5	3	2	4
6	4	1	3	2	9	8	7	5
3	5	2	7	8	4	6	1	9

#78

9	4	3	7	6	1	2	8	5
6	5	1	2	8	3	9	4	7
8	7	2	4	5	9	6	1	3
1	9	4	5	3	7	8	6	2
5	6	8	1	2	4	3	7	9
3	2	7	8	9	6	1	5	4
2	1	6	9	4	5	7	3	8
7	8	5	3	1	2	4	9	6
4	3	9	6	7	8	5	2	1

#79

4	2	7	9	1	3	5	8	6
5	3	9	7	6	8	1	4	2
6	8	1	2	4	5	9	7	3
9	5	4	6	8	7	3	2	1
3	1	8	5	2	9	7	6	4
2	7	6	4	3	1	8	9	5
7	9	2	3	5	4	6	1	8
8	4	3	1	9	6	2	5	7
1	6	5	8	7	2	4	3	9

#80

6	2	5	1	8	3	9	7	4
1	9	3	7	6	4	5	8	2
4	7	8	2	5	9	1	6	3
8	3	4	9	1	7	6	2	5
9	1	6	8	2	5	3	4	7
7	5	2	3	4	6	8	1	9
2	4	9	6	3	8	7	5	1
3	8	1	5	7	2	4	9	6
5	6	7	4	9	1	2	3	8

#81

1	9	3	8	4	7	5	2	6
8	7	2	5	9	6	1	3	4
4	6	5	1	2	3	9	8	7
2	8	7	9	5	1	6	4	3
5	1	6	3	8	4	2	7	9
9	3	4	7	6	2	8	5	1
3	4	8	2	1	9	7	6	5
6	5	1	4	7	8	3	9	2
7	2	9	6	3	5	4	1	8

#82

7	8	6	9	2	5	3	4	1
4	1	9	3	6	7	8	5	2
5	3	2	8	1	4	6	7	9
2	6	4	7	3	1	9	8	5
1	9	8	4	5	6	2	3	7
3	5	7	2	9	8	1	6	4
6	2	1	5	7	3	4	9	8
8	7	3	1	4	9	5	2	6
9	4	5	6	8	2	7	1	3

#83

9	5	1	2	3	4	8	7	6
4	6	3	8	5	7	1	9	2
7	8	2	1	6	9	4	3	5
5	3	7	9	8	1	6	2	4
8	9	6	5	4	2	3	1	7
1	2	4	6	7	3	5	8	9
6	1	9	3	2	5	7	4	8
3	7	8	4	9	6	2	5	1
2	4	5	7	1	8	9	6	3

#84

4	9	8	5	2	3	1	7	6
2	1	7	6	9	4	8	3	5
3	5	6	8	7	1	2	4	9
1	6	2	7	4	8	5	9	3
5	7	4	1	3	9	6	2	8
8	3	9	2	6	5	4	1	7
9	8	5	4	1	7	3	6	2
7	2	1	3	8	6	9	5	4
6	4	3	9	5	2	7	8	1

#85

7	1	5	2	4	9	6	8	3
6	3	2	1	5	8	4	9	7
4	8	9	3	7	6	1	2	5
2	4	3	7	9	1	5	6	8
5	7	1	8	6	4	9	3	2
8	9	6	5	2	3	7	4	1
3	5	4	9	8	7	2	1	6
9	2	8	6	1	5	3	7	4
1	6	7	4	3	2	8	5	9

#86

4	5	6	9	2	8	3	7	1
1	9	3	7	4	6	5	2	8
2	8	7	1	3	5	9	6	4
5	1	2	6	7	3	8	4	9
9	3	8	4	5	2	7	1	6
6	7	4	8	9	1	2	3	5
7	4	1	3	8	9	6	5	2
3	2	9	5	6	4	1	8	7
8	6	5	2	1	7	4	9	3

#87

2	5	6	1	3	7	8	9	4
4	7	1	5	9	8	6	3	2
9	3	8	2	4	6	1	5	7
1	4	5	9	8	2	7	6	3
7	6	2	3	5	4	9	1	8
3	8	9	7	6	1	4	2	5
8	2	4	6	1	3	5	7	9
5	1	7	8	2	9	3	4	6
6	9	3	4	7	5	2	8	1

#88

8	6	9	2	7	5	4	1	3
3	4	7	6	1	8	5	9	2
1	2	5	9	4	3	8	6	7
6	5	1	8	3	9	7	2	4
9	8	4	7	5	2	6	3	1
2	7	3	4	6	1	9	5	8
4	1	8	3	9	6	2	7	5
7	3	6	5	2	4	1	8	9
5	9	2	1	8	7	3	4	6

#89

9	7	1	5	4	3	8	2	6
5	3	2	6	8	1	7	4	9
4	6	8	7	9	2	5	3	1
6	8	7	1	3	9	2	5	4
2	4	9	8	7	5	1	6	3
1	5	3	2	6	4	9	7	8
3	1	4	9	5	7	6	8	2
7	9	6	4	2	8	3	1	5
8	2	5	3	1	6	4	9	7

#90

2	4	1	7	6	5	3	8	9
9	6	7	8	3	4	5	1	2
3	8	5	1	2	9	7	6	4
6	1	2	9	8	3	4	7	5
7	3	4	5	1	2	8	9	6
8	5	9	4	7	6	1	2	3
4	9	8	6	5	7	2	3	1
5	7	3	2	9	1	6	4	8
1	2	6	3	4	8	9	5	7

#91

9	3	7	2	5	8	1	6	4
8	4	5	1	7	6	2	3	9
1	2	6	4	9	3	5	8	7
5	1	8	9	6	2	7	4	3
2	7	4	3	8	5	9	1	6
6	9	3	7	4	1	8	5	2
4	8	9	5	3	7	6	2	1
3	6	2	8	1	9	4	7	5
7	5	1	6	2	4	3	9	8

#92

9	3	4	7	5	6	2	1	8
2	6	5	3	8	1	9	4	7
7	1	8	2	9	4	5	6	3
5	9	6	4	1	8	7	3	2
1	7	2	5	3	9	6	8	4
4	8	3	6	7	2	1	5	9
6	5	9	8	2	3	4	7	1
8	2	7	1	4	5	3	9	6
3	4	1	9	6	7	8	2	5

#93

3	5	1	6	4	7	2	9	8
7	2	9	8	1	3	5	4	6
4	8	6	2	5	9	7	1	3
8	6	4	9	2	1	3	7	5
2	1	7	5	3	6	9	8	4
5	9	3	4	7	8	6	2	1
9	7	5	1	6	4	8	3	2
1	3	2	7	8	5	4	6	9
6	4	8	3	9	2	1	5	7

#94

2	7	8	9	3	6	4	5	1
5	3	6	1	4	7	9	8	2
9	1	4	5	8	2	6	7	3
7	4	2	8	1	9	3	6	5
1	5	3	6	2	4	8	9	7
6	8	9	3	7	5	1	2	4
8	2	7	4	9	3	5	1	6
3	9	5	7	6	1	2	4	8
4	6	1	2	5	8	7	3	9

#95

5	7	2	4	8	1	6	3	9
9	3	4	5	7	6	8	2	1
6	8	1	9	3	2	7	4	5
7	1	8	3	5	4	9	6	2
2	5	6	1	9	7	4	8	3
4	9	3	2	6	8	5	1	7
1	2	7	6	4	9	3	5	8
8	4	5	7	1	3	2	9	6
3	6	9	8	2	5	1	7	4

#96

4	5	6	2	1	7	8	9	3
2	3	9	8	4	5	1	6	7
1	8	7	9	6	3	5	4	2
9	4	3	1	2	8	6	7	5
5	2	8	6	7	9	3	1	4
7	6	1	3	5	4	9	2	8
6	9	4	5	8	2	7	3	1
3	7	5	4	9	1	2	8	6
8	1	2	7	3	6	4	5	9

#97

6	8	5	3	2	4	1	9	7
9	2	7	6	1	5	4	8	3
4	3	1	8	9	7	2	6	5
3	1	6	7	5	2	8	4	9
8	7	9	4	3	1	6	5	2
2	5	4	9	8	6	3	7	1
7	4	3	2	6	9	5	1	8
5	6	8	1	7	3	9	2	4
1	9	2	5	4	8	7	3	6

#98

5	1	9	3	8	6	7	4	2
6	8	2	7	5	4	9	1	3
4	3	7	2	9	1	8	6	5
9	5	4	8	3	7	6	2	1
3	2	8	6	1	9	4	5	7
1	7	6	5	4	2	3	9	8
8	9	1	4	2	3	5	7	6
2	6	3	9	7	5	1	8	4
7	4	5	1	6	8	2	3	9

#99

6	3	4	7	8	5	9	2	1
1	7	5	6	9	2	4	3	8
8	9	2	1	4	3	7	6	5
3	6	8	4	5	9	1	7	2
2	4	1	8	3	7	5	9	6
9	5	7	2	1	6	8	4	3
7	1	3	5	2	4	6	8	9
4	8	9	3	6	1	2	5	7
5	2	6	9	7	8	3	1	4

#100

4	6	2	7	9	3	1	8	5
9	8	3	6	1	5	7	4	2
5	7	1	4	8	2	3	6	9
8	4	7	5	2	1	6	9	3
1	3	5	9	6	4	8	2	7
2	9	6	8	3	7	4	5	1
7	2	9	1	4	6	5	3	8
6	5	8	3	7	9	2	1	4
3	1	4	2	5	8	9	7	6

#101

6	3	7	1	2	8	4	9	5
1	8	5	4	6	9	2	7	3
4	9	2	7	3	5	8	1	6
9	4	6	5	7	2	1	3	8
2	7	1	6	8	3	9	5	4
3	5	8	9	1	4	6	2	7
7	2	9	3	4	6	5	8	1
8	1	4	2	5	7	3	6	9
5	6	3	8	9	1	7	4	2

#102

2	4	7	8	9	5	6	1	3
9	6	1	3	4	2	8	5	7
8	5	3	1	6	7	9	2	4
6	9	4	5	7	1	2	3	8
1	7	2	6	8	3	4	9	5
3	8	5	9	2	4	1	7	6
5	2	6	7	1	8	3	4	9
7	1	8	4	3	9	5	6	2
4	3	9	2	5	6	7	8	1

#103

7	4	5	6	3	8	2	9	1
6	9	8	2	5	1	4	3	7
2	3	1	9	7	4	8	6	5
4	1	2	3	8	6	7	5	9
8	5	7	1	9	2	3	4	6
9	6	3	5	4	7	1	2	8
1	2	4	7	6	5	9	8	3
5	7	9	8	2	3	6	1	4
3	8	6	4	1	9	5	7	2

#104

5	1	3	6	4	8	7	2	9
9	7	8	2	3	1	6	5	4
6	2	4	9	7	5	3	1	8
4	6	7	1	2	3	8	9	5
3	8	1	4	5	9	2	7	6
2	9	5	7	8	6	1	4	3
8	5	2	3	1	4	9	6	7
7	3	9	5	6	2	4	8	1
1	4	6	8	9	7	5	3	2

#105

2	5	1	7	3	4	8	9	6
7	8	9	1	6	5	3	4	2
4	3	6	2	8	9	7	5	1
6	1	3	4	9	7	2	8	5
8	4	5	6	2	1	9	3	7
9	2	7	3	5	8	1	6	4
5	7	2	8	4	3	6	1	9
3	6	4	9	1	2	5	7	8
1	9	8	5	7	6	4	2	3

#106

6	2	8	1	7	4	3	9	5
5	1	7	9	2	3	4	8	6
4	9	3	5	6	8	7	1	2
2	4	9	7	1	5	8	6	3
3	5	6	2	8	9	1	4	7
7	8	1	3	4	6	5	2	9
1	3	2	8	9	7	6	5	4
8	6	5	4	3	2	9	7	1
9	7	4	6	5	1	2	3	8

#107

5	7	9	3	6	4	1	2	8
4	8	2	7	1	5	6	3	9
3	6	1	8	9	2	4	5	7
1	2	3	6	7	8	5	9	4
9	5	8	4	2	1	7	6	3
6	4	7	9	5	3	2	8	1
7	1	6	2	8	9	3	4	5
2	9	4	5	3	7	8	1	6
8	3	5	1	4	6	9	7	2

#108

8	5	1	4	7	9	6	2	3
6	2	4	8	5	3	7	9	1
3	7	9	1	2	6	4	8	5
2	6	3	5	4	1	9	7	8
1	4	8	6	9	7	3	5	2
5	9	7	3	8	2	1	4	6
4	1	5	7	6	8	2	3	9
7	3	2	9	1	5	8	6	4
9	8	6	2	3	4	5	1	7

#109

9	7	6	1	5	4	3	2	8
8	4	2	7	9	3	6	1	5
5	1	3	6	8	2	7	4	9
2	6	5	3	1	8	9	7	4
1	3	9	4	7	5	2	8	6
4	8	7	2	6	9	1	5	3
3	5	1	9	4	7	8	6	2
6	9	4	8	2	1	5	3	7
7	2	8	5	3	6	4	9	1

#110

5	1	6	7	3	4	8	2	9
3	9	8	6	2	1	4	7	5
4	2	7	9	5	8	1	3	6
9	8	4	2	1	5	7	6	3
1	5	2	3	6	7	9	4	8
7	6	3	4	8	9	2	5	1
2	7	5	1	9	3	6	8	4
8	4	9	5	7	6	3	1	2
6	3	1	8	4	2	5	9	7

#111

3	2	5	6	8	7	1	4	9
1	8	7	3	4	9	6	5	2
4	6	9	5	1	2	8	3	7
2	4	6	8	3	5	9	7	1
8	7	3	9	2	1	5	6	4
5	9	1	4	7	6	3	2	8
9	5	2	7	6	8	4	1	3
7	3	8	1	5	4	2	9	6
6	1	4	2	9	3	7	8	5

#112

3	8	2	7	5	1	4	9	6
5	9	6	2	4	8	7	1	3
7	4	1	6	3	9	8	5	2
6	7	4	5	8	3	9	2	1
2	5	8	1	9	6	3	4	7
9	1	3	4	2	7	5	6	8
8	2	7	9	1	4	6	3	5
4	3	5	8	6	2	1	7	9
1	6	9	3	7	5	2	8	4

#113

1	2	5	3	6	8	4	7	9
9	8	3	4	1	7	6	5	2
7	6	4	2	9	5	1	3	8
8	4	9	1	7	3	2	6	5
5	1	2	9	4	6	3	8	7
3	7	6	8	5	2	9	4	1
2	5	1	6	8	4	7	9	3
6	9	8	7	3	1	5	2	4
4	3	7	5	2	9	8	1	6

#114

1	4	6	3	7	8	2	9	5
2	8	9	6	5	4	7	3	1
5	7	3	9	2	1	8	4	6
3	1	2	4	9	6	5	8	7
4	5	7	8	1	2	3	6	9
9	6	8	5	3	7	1	2	4
8	9	5	7	6	3	4	1	2
7	3	1	2	4	9	6	5	8
6	2	4	1	8	5	9	7	3

#115

2	1	9	5	4	7	6	3	8
8	6	4	2	3	1	7	5	9
7	3	5	6	9	8	1	2	4
6	4	2	9	7	5	8	1	3
9	8	3	4	1	2	5	6	7
1	5	7	8	6	3	9	4	2
5	2	6	7	8	4	3	9	1
4	7	1	3	5	9	2	8	6
3	9	8	1	2	6	4	7	5

#116

7	3	8	4	9	6	2	5	1
2	5	9	3	7	1	4	6	8
6	1	4	5	2	8	3	9	7
8	6	2	1	4	7	5	3	9
1	9	3	8	6	5	7	4	2
5	4	7	2	3	9	8	1	6
3	7	5	9	1	2	6	8	4
4	2	1	6	8	3	9	7	5
9	8	6	7	5	4	1	2	3

#117

5	1	9	8	4	3	7	2	6
7	8	2	1	9	6	3	4	5
3	4	6	2	7	5	1	8	9
2	3	5	4	1	7	6	9	8
1	7	4	9	6	8	2	5	3
6	9	8	5	3	2	4	7	1
9	2	7	6	8	1	5	3	4
4	6	3	7	5	9	8	1	2
8	5	1	3	2	4	9	6	7

#118

7	1	5	6	8	3	9	2	4
4	2	3	9	5	1	7	8	6
9	6	8	7	4	2	3	5	1
2	9	1	4	3	5	6	7	8
5	7	6	8	2	9	4	1	3
3	8	4	1	6	7	5	9	2
6	4	7	2	9	8	1	3	5
1	3	2	5	7	6	8	4	9
8	5	9	3	1	4	2	6	7

#119

2	1	8	5	4	7	3	6	9
9	4	7	3	6	8	1	5	2
6	5	3	9	1	2	8	4	7
5	6	9	8	3	4	7	2	1
8	2	4	7	9	1	6	3	5
7	3	1	6	2	5	4	9	8
3	7	6	2	8	9	5	1	4
1	9	5	4	7	6	2	8	3
4	8	2	1	5	3	9	7	6

#120

4	7	3	9	6	5	1	2	8
5	8	1	3	4	2	6	9	7
2	9	6	7	8	1	3	4	5
3	2	8	5	7	4	9	6	1
1	4	9	6	2	8	5	7	3
7	6	5	1	3	9	2	8	4
9	1	4	8	5	6	7	3	2
6	3	2	4	1	7	8	5	9
8	5	7	2	9	3	4	1	6

#121

5	4	6	3	8	7	9	1	2
8	9	2	6	1	5	7	3	4
1	3	7	4	2	9	8	5	6
3	6	4	5	9	1	2	8	7
9	2	8	7	4	3	5	6	1
7	1	5	8	6	2	4	9	3
4	5	1	9	7	6	3	2	8
6	7	3	2	5	8	1	4	9
2	8	9	1	3	4	6	7	5

#122

5	1	3	7	4	8	2	6	9
8	9	6	2	5	1	4	3	7
4	7	2	3	9	6	5	8	1
7	6	5	9	3	4	8	1	2
1	2	8	6	7	5	3	9	4
9	3	4	8	1	2	7	5	6
2	4	9	1	8	3	6	7	5
3	5	1	4	6	7	9	2	8
6	8	7	5	2	9	1	4	3

#123

1	4	3	7	8	6	9	2	5
8	9	2	3	5	4	6	1	7
7	5	6	1	9	2	4	8	3
5	2	1	6	3	9	7	4	8
4	7	9	8	1	5	2	3	6
3	6	8	4	2	7	1	5	9
2	3	4	9	6	8	5	7	1
9	8	7	5	4	1	3	6	2
6	1	5	2	7	3	8	9	4

#124

4	3	1	9	6	8	7	2	5
6	7	8	3	2	5	9	4	1
2	5	9	7	1	4	3	6	8
5	8	2	6	7	3	4	1	9
3	9	6	4	8	1	5	7	2
7	1	4	2	5	9	6	8	3
1	6	7	5	3	2	8	9	4
8	4	3	1	9	7	2	5	6
9	2	5	8	4	6	1	3	7

#125

2	8	7	1	9	4	6	3	5
3	6	5	2	7	8	9	4	1
9	4	1	3	6	5	8	7	2
7	2	9	4	5	1	3	8	6
1	5	6	7	8	3	2	9	4
4	3	8	6	2	9	1	5	7
6	9	4	8	1	7	5	2	3
8	1	3	5	4	2	7	6	9
5	7	2	9	3	6	4	1	8

#126

5	9	2	1	3	8	7	4	6
6	1	8	9	4	7	2	3	5
3	7	4	6	5	2	8	1	9
7	2	1	4	6	3	5	9	8
9	4	3	8	2	5	1	6	7
8	5	6	7	1	9	4	2	3
4	3	9	5	7	1	6	8	2
2	6	5	3	8	4	9	7	1
1	8	7	2	9	6	3	5	4

#127

9	1	5	3	4	6	8	7	2
2	3	4	1	8	7	5	6	9
6	7	8	5	9	2	4	3	1
8	6	1	4	2	9	3	5	7
5	2	3	8	7	1	6	9	4
4	9	7	6	3	5	1	2	8
1	4	2	9	6	3	7	8	5
7	8	6	2	5	4	9	1	3
3	5	9	7	1	8	2	4	6

#128

8	3	7	6	9	4	1	2	5
5	9	1	2	7	8	3	4	6
4	2	6	1	3	5	7	8	9
1	8	4	7	2	6	9	5	3
9	7	3	4	5	1	8	6	2
6	5	2	3	8	9	4	1	7
3	6	5	8	4	7	2	9	1
2	4	9	5	1	3	6	7	8
7	1	8	9	6	2	5	3	4

#129

7	9	2	3	1	8	6	5	4
8	1	3	6	4	5	2	7	9
6	4	5	7	9	2	8	3	1
5	7	4	9	8	3	1	2	6
2	6	8	5	7	1	4	9	3
9	3	1	2	6	4	5	8	7
4	2	9	1	5	7	3	6	8
3	8	6	4	2	9	7	1	5
1	5	7	8	3	6	9	4	2

#130

8	9	3	7	5	2	1	6	4
1	5	4	6	3	8	7	9	2
2	7	6	4	1	9	5	3	8
6	3	9	1	8	7	4	2	5
4	1	7	9	2	5	3	8	6
5	2	8	3	6	4	9	7	1
3	4	2	8	7	1	6	5	9
9	6	5	2	4	3	8	1	7
7	8	1	5	9	6	2	4	3

#131

2	5	7	4	1	9	3	6	8
3	9	1	8	6	7	4	5	2
8	6	4	3	5	2	1	7	9
5	7	9	2	3	6	8	4	1
4	2	3	1	8	5	7	9	6
1	8	6	7	9	4	5	2	3
9	1	2	5	7	3	6	8	4
6	3	5	9	4	8	2	1	7
7	4	8	6	2	1	9	3	5

#132

1	7	5	9	8	4	3	6	2
4	6	8	2	1	3	5	7	9
9	3	2	6	7	5	1	4	8
8	2	3	7	9	1	6	5	4
5	1	9	3	4	6	2	8	7
7	4	6	5	2	8	9	1	3
6	5	4	8	3	2	7	9	1
2	9	1	4	5	7	8	3	6
3	8	7	1	6	9	4	2	5

#133

9	5	2	7	1	4	3	6	8
6	7	3	8	9	5	1	2	4
4	1	8	2	6	3	9	7	5
2	8	5	1	4	6	7	9	3
1	3	6	5	7	9	8	4	2
7	9	4	3	2	8	5	1	6
5	2	1	6	8	7	4	3	9
3	6	9	4	5	1	2	8	7
8	4	7	9	3	2	6	5	1

#134

4	5	3	6	9	8	7	1	2
1	2	9	7	5	3	4	6	8
7	8	6	1	4	2	3	5	9
9	4	5	2	3	1	6	8	7
8	7	1	4	6	5	9	2	3
6	3	2	9	8	7	5	4	1
5	9	7	8	2	6	1	3	4
2	6	4	3	1	9	8	7	5
3	1	8	5	7	4	2	9	6

#135

7	8	2	1	9	6	5	3	4
5	9	4	8	2	3	6	1	7
1	3	6	5	7	4	9	8	2
3	2	5	7	1	9	8	4	6
4	7	9	3	6	8	2	5	1
6	1	8	4	5	2	3	7	9
8	6	7	2	3	1	4	9	5
9	5	3	6	4	7	1	2	8
2	4	1	9	8	5	7	6	3

#136

1	7	5	9	6	8	2	3	4
4	8	9	7	2	3	5	6	1
3	2	6	4	5	1	7	8	9
7	6	4	5	8	2	1	9	3
5	3	1	6	9	4	8	7	2
8	9	2	1	3	7	4	5	6
6	1	7	3	4	5	9	2	8
9	4	8	2	7	6	3	1	5
2	5	3	8	1	9	6	4	7

#137

2	5	6	9	8	4	7	1	3
8	1	4	3	7	5	6	2	9
9	7	3	1	2	6	5	8	4
4	8	5	6	1	9	3	7	2
7	3	2	5	4	8	1	9	6
6	9	1	2	3	7	8	4	5
3	6	8	7	9	2	4	5	1
5	4	9	8	6	1	2	3	7
1	2	7	4	5	3	9	6	8

#138

9	6	7	2	3	4	5	1	8
4	2	1	5	9	8	7	6	3
5	3	8	7	1	6	2	9	4
2	9	3	4	5	1	6	8	7
7	8	6	9	2	3	4	5	1
1	4	5	8	6	7	9	3	2
6	1	9	3	7	2	8	4	5
3	7	4	6	8	5	1	2	9
8	5	2	1	4	9	3	7	6

#139

5	8	9	3	1	6	2	7	4
4	7	3	9	2	5	8	6	1
6	1	2	7	4	8	3	9	5
9	2	1	6	5	4	7	3	8
8	3	5	2	9	7	1	4	6
7	6	4	8	3	1	9	5	2
2	4	7	5	8	3	6	1	9
1	9	6	4	7	2	5	8	3
3	5	8	1	6	9	4	2	7

#140

4	3	9	5	6	2	7	1	8
6	5	7	1	8	3	9	2	4
2	8	1	7	9	4	5	3	6
8	2	3	4	7	9	1	6	5
5	9	6	8	2	1	3	4	7
1	7	4	3	5	6	8	9	2
7	1	2	9	4	5	6	8	3
3	6	8	2	1	7	4	5	9
9	4	5	6	3	8	2	7	1

#141

5	8	6	4	1	9	2	7	3
4	3	7	5	2	6	8	9	1
2	1	9	8	7	3	6	4	5
3	6	1	7	9	2	5	8	4
7	2	5	3	4	8	1	6	9
9	4	8	6	5	1	3	2	7
8	9	2	1	3	4	7	5	6
1	7	4	2	6	5	9	3	8
6	5	3	9	8	7	4	1	2

#142

2	1	7	5	6	4	3	9	8
6	3	9	2	8	7	5	4	1
8	4	5	3	1	9	2	7	6
1	2	6	7	4	5	8	3	9
7	9	8	6	2	3	1	5	4
4	5	3	1	9	8	6	2	7
9	6	1	4	3	2	7	8	5
5	8	2	9	7	1	4	6	3
3	7	4	8	5	6	9	1	2

#143

3	2	5	4	8	7	9	1	6
8	6	7	3	1	9	5	2	4
4	1	9	5	2	6	3	7	8
2	7	4	9	6	3	1	8	5
6	9	1	8	7	5	4	3	2
5	3	8	2	4	1	7	6	9
7	4	6	1	9	2	8	5	3
1	8	3	6	5	4	2	9	7
9	5	2	7	3	8	6	4	1

#144

7	2	3	1	8	5	4	9	6
6	5	8	4	2	9	3	7	1
9	1	4	6	3	7	8	5	2
8	9	5	3	7	1	6	2	4
3	7	1	2	4	6	5	8	9
4	6	2	5	9	8	1	3	7
2	4	9	8	6	3	7	1	5
5	3	7	9	1	4	2	6	8
1	8	6	7	5	2	9	4	3

#145

1	7	9	6	2	4	5	3	8
3	5	2	7	9	8	6	4	1
8	4	6	3	5	1	7	9	2
5	3	4	1	8	6	2	7	9
2	6	1	9	7	3	8	5	4
7	9	8	5	4	2	3	1	6
9	8	5	4	6	7	1	2	3
6	1	7	2	3	9	4	8	5
4	2	3	8	1	5	9	6	7

#146

3	8	2	4	5	7	6	9	1
9	6	5	1	8	2	3	4	7
4	1	7	9	6	3	8	5	2
1	3	9	8	4	5	7	2	6
2	4	6	3	7	9	5	1	8
7	5	8	6	2	1	4	3	9
6	2	4	5	9	8	1	7	3
5	7	3	2	1	6	9	8	4
8	9	1	7	3	4	2	6	5

#147

4	8	5	7	2	1	6	3	9
2	3	6	9	4	8	7	5	1
9	1	7	3	5	6	8	2	4
5	9	8	2	1	3	4	6	7
1	2	4	6	8	7	3	9	5
6	7	3	5	9	4	2	1	8
8	4	2	1	3	9	5	7	6
3	6	1	8	7	5	9	4	2
7	5	9	4	6	2	1	8	3

#148

2	9	7	1	5	3	6	4	8
4	6	3	7	2	8	9	5	1
5	8	1	4	9	6	7	2	3
1	7	2	9	8	5	4	3	6
8	4	6	3	1	7	5	9	2
9	3	5	6	4	2	1	8	7
7	1	9	8	3	4	2	6	5
3	2	4	5	6	1	8	7	9
6	5	8	2	7	9	3	1	4

#149

9	1	7	5	6	8	3	4	2
4	8	5	2	3	1	9	7	6
3	6	2	4	9	7	1	8	5
6	5	9	8	4	3	7	2	1
2	3	1	9	7	6	4	5	8
7	4	8	1	2	5	6	3	9
8	9	6	3	5	4	2	1	7
1	2	3	7	8	9	5	6	4
5	7	4	6	1	2	8	9	3

#150

6	4	9	3	8	7	1	2	5
5	2	7	6	1	4	8	3	9
1	3	8	5	2	9	7	4	6
7	9	5	8	6	3	4	1	2
3	1	6	7	4	2	9	5	8
2	8	4	1	9	5	6	7	3
4	6	3	9	5	1	2	8	7
8	5	2	4	7	6	3	9	1
9	7	1	2	3	8	5	6	4

#151

6	7	1	9	5	8	4	3	2
3	5	2	7	1	4	8	9	6
9	8	4	6	3	2	5	7	1
7	9	5	8	2	1	3	6	4
4	3	8	5	6	9	2	1	7
1	2	6	4	7	3	9	8	5
5	6	9	3	4	7	1	2	8
2	4	3	1	8	6	7	5	9
8	1	7	2	9	5	6	4	3

#152

1	6	7	9	2	5	3	4	8
4	3	8	6	1	7	2	9	5
2	9	5	3	8	4	6	7	1
9	7	1	5	3	8	4	2	6
3	5	4	1	6	2	7	8	9
6	8	2	4	7	9	1	5	3
7	2	3	8	9	6	5	1	4
8	4	6	7	5	1	9	3	2
5	1	9	2	4	3	8	6	7

#153

5	8	7	1	6	2	4	3	9
3	4	6	8	5	9	2	1	7
2	1	9	7	4	3	8	5	6
1	7	3	4	9	6	5	8	2
6	5	2	3	1	8	9	7	4
4	9	8	5	2	7	3	6	1
9	3	1	2	7	5	6	4	8
7	6	5	9	8	4	1	2	3
8	2	4	6	3	1	7	9	5

#154

3	7	5	1	9	2	6	4	8
2	9	4	6	8	7	3	1	5
6	1	8	3	5	4	7	9	2
7	8	9	5	4	6	2	3	1
5	4	3	8	2	1	9	6	7
1	6	2	7	3	9	8	5	4
8	3	1	2	6	5	4	7	9
9	5	6	4	7	8	1	2	3
4	2	7	9	1	3	5	8	6

#155

3	8	2	1	5	7	9	6	4
1	5	6	3	4	9	2	7	8
9	4	7	2	6	8	3	5	1
6	7	8	5	3	4	1	2	9
2	3	9	6	8	1	5	4	7
5	1	4	9	7	2	6	8	3
4	9	1	7	2	6	8	3	5
7	2	3	8	1	5	4	9	6
8	6	5	4	9	3	7	1	2

#156

5	6	4	3	1	2	9	8	7
8	3	2	7	9	5	4	6	1
1	9	7	8	6	4	3	5	2
4	5	3	2	7	9	6	1	8
7	8	1	6	5	3	2	4	9
6	2	9	1	4	8	7	3	5
2	4	5	9	8	6	1	7	3
3	1	8	4	2	7	5	9	6
9	7	6	5	3	1	8	2	4

#157

8	4	6	9	2	5	1	7	3
5	2	7	3	4	1	8	9	6
9	1	3	6	8	7	5	4	2
7	3	2	8	1	6	9	5	4
4	9	5	2	7	3	6	8	1
6	8	1	4	5	9	3	2	7
2	6	8	5	3	4	7	1	9
3	7	4	1	9	8	2	6	5
1	5	9	7	6	2	4	3	8

#158

4	3	5	7	2	8	6	9	1
9	1	6	4	3	5	2	7	8
8	7	2	6	9	1	4	3	5
3	5	9	8	4	7	1	2	6
2	6	8	1	5	3	7	4	9
7	4	1	9	6	2	5	8	3
1	8	3	2	7	6	9	5	4
5	2	4	3	1	9	8	6	7
6	9	7	5	8	4	3	1	2

#159

1	7	9	2	8	6	3	4	5
2	6	5	4	9	3	8	7	1
3	8	4	1	7	5	2	9	6
4	3	8	5	2	1	7	6	9
5	2	7	6	4	9	1	8	3
9	1	6	8	3	7	5	2	4
8	5	3	7	6	4	9	1	2
7	4	1	9	5	2	6	3	8
6	9	2	3	1	8	4	5	7

#160

9	4	6	3	2	7	5	8	1
8	3	2	1	5	6	4	7	9
7	1	5	8	9	4	3	6	2
5	9	8	6	3	1	2	4	7
1	2	4	5	7	8	9	3	6
6	7	3	9	4	2	1	5	8
2	5	7	4	6	9	8	1	3
4	6	1	2	8	3	7	9	5
3	8	9	7	1	5	6	2	4

#161

6	5	2	3	1	9	7	4	8
3	4	8	5	2	7	1	9	6
9	1	7	8	6	4	5	2	3
7	9	6	4	3	5	2	8	1
1	3	4	2	7	8	9	6	5
8	2	5	6	9	1	3	7	4
4	8	3	7	5	2	6	1	9
5	7	9	1	8	6	4	3	2
2	6	1	9	4	3	8	5	7

#162

4	3	9	2	5	8	6	7	1
8	1	7	3	6	9	2	5	4
2	5	6	7	1	4	8	3	9
6	9	8	5	2	3	1	4	7
5	2	1	6	4	7	9	8	3
7	4	3	8	9	1	5	6	2
9	7	4	1	8	6	3	2	5
1	8	5	4	3	2	7	9	6
3	6	2	9	7	5	4	1	8

#163

7	1	4	5	8	2	3	9	6
3	5	9	1	7	6	2	4	8
8	6	2	4	9	3	7	1	5
9	3	6	7	1	5	8	2	4
2	4	7	9	6	8	1	5	3
1	8	5	3	2	4	9	6	7
6	7	8	2	5	9	4	3	1
4	9	1	6	3	7	5	8	2
5	2	3	8	4	1	6	7	9

#164

2	7	1	4	6	3	8	9	5
8	6	3	5	9	2	1	7	4
5	4	9	7	8	1	2	3	6
4	2	7	8	1	5	3	6	9
9	8	6	2	3	4	5	1	7
3	1	5	6	7	9	4	8	2
6	9	4	3	5	8	7	2	1
1	5	8	9	2	7	6	4	3
7	3	2	1	4	6	9	5	8

#165

1	4	7	3	5	9	2	6	8
8	2	5	4	1	6	7	9	3
9	3	6	2	8	7	5	1	4
3	7	2	5	4	1	6	8	9
6	8	4	9	2	3	1	7	5
5	1	9	7	6	8	4	3	2
4	6	8	1	9	2	3	5	7
7	5	1	8	3	4	9	2	6
2	9	3	6	7	5	8	4	1

#166

2	1	3	7	9	6	8	4	5
4	8	6	2	5	1	9	7	3
7	9	5	8	4	3	1	2	6
9	6	8	4	7	2	5	3	1
5	4	2	1	3	9	7	6	8
3	7	1	5	6	8	4	9	2
8	5	9	6	2	7	3	1	4
1	2	7	3	8	4	6	5	9
6	3	4	9	1	5	2	8	7

#167

5	8	6	3	4	9	2	1	7
2	4	9	6	1	7	5	8	3
3	7	1	2	5	8	6	4	9
9	3	8	4	7	6	1	5	2
4	5	7	1	8	2	9	3	6
6	1	2	9	3	5	8	7	4
1	6	3	8	9	4	7	2	5
8	9	5	7	2	3	4	6	1
7	2	4	5	6	1	3	9	8

#168

6	3	8	4	1	2	9	7	5
2	5	1	7	9	8	6	4	3
7	9	4	3	5	6	8	2	1
4	1	7	6	8	3	2	5	9
8	2	5	1	4	9	7	3	6
9	6	3	5	2	7	4	1	8
1	8	2	9	3	4	5	6	7
5	7	9	2	6	1	3	8	4
3	4	6	8	7	5	1	9	2

#169

9	2	5	6	1	8	4	3	7
1	3	8	4	7	2	5	6	9
4	7	6	5	3	9	8	2	1
7	5	1	8	4	3	2	9	6
2	8	3	9	6	5	1	7	4
6	9	4	7	2	1	3	8	5
3	4	2	1	9	7	6	5	8
5	1	7	3	8	6	9	4	2
8	6	9	2	5	4	7	1	3

#170

2	4	5	1	9	8	6	3	7
7	1	9	5	3	6	8	4	2
3	6	8	2	7	4	5	9	1
5	2	7	3	8	1	4	6	9
6	8	4	9	5	7	2	1	3
9	3	1	4	6	2	7	8	5
4	7	3	8	1	5	9	2	6
1	5	2	6	4	9	3	7	8
8	9	6	7	2	3	1	5	4

#171

9	2	3	6	1	8	4	7	5
6	7	5	9	4	3	8	1	2
1	4	8	5	7	2	9	6	3
2	9	1	4	3	5	6	8	7
5	8	6	1	9	7	3	2	4
4	3	7	2	8	6	5	9	1
8	1	2	3	6	4	7	5	9
7	5	4	8	2	9	1	3	6
3	6	9	7	5	1	2	4	8

#172

1	4	3	5	2	8	9	6	7
5	6	8	9	7	1	2	3	4
9	2	7	3	6	4	5	1	8
2	9	6	4	1	3	7	8	5
3	7	5	8	9	6	4	2	1
8	1	4	7	5	2	6	9	3
7	5	1	2	3	9	8	4	6
6	8	9	1	4	7	3	5	2
4	3	2	6	8	5	1	7	9

#173

1	2	8	6	4	5	7	3	9
4	9	7	1	3	2	8	6	5
6	5	3	7	8	9	4	1	2
5	8	6	4	9	7	3	2	1
3	7	9	2	6	1	5	4	8
2	4	1	3	5	8	9	7	6
9	6	2	8	7	3	1	5	4
7	1	5	9	2	4	6	8	3
8	3	4	5	1	6	2	9	7

#174

6	7	1	5	2	4	3	9	8
3	2	4	1	9	8	7	6	5
8	9	5	3	7	6	4	2	1
2	3	9	6	8	5	1	7	4
1	4	6	2	3	7	5	8	9
7	5	8	9	4	1	6	3	2
4	8	3	7	5	2	9	1	6
9	6	2	4	1	3	8	5	7
5	1	7	8	6	9	2	4	3

#175

5	2	4	8	3	6	7	9	1
8	6	7	4	1	9	3	2	5
3	9	1	7	5	2	8	4	6
9	4	2	3	7	5	6	1	8
6	7	8	1	9	4	2	5	3
1	3	5	2	6	8	4	7	9
2	8	3	9	4	1	5	6	7
7	5	9	6	2	3	1	8	4
4	1	6	5	8	7	9	3	2

#176

1	2	3	6	8	7	9	5	4
4	9	6	2	5	3	8	1	7
5	8	7	1	9	4	2	3	6
8	7	5	4	3	6	1	2	9
2	3	4	8	1	9	7	6	5
6	1	9	7	2	5	4	8	3
7	5	1	3	4	2	6	9	8
9	4	2	5	6	8	3	7	1
3	6	8	9	7	1	5	4	2

#177

7	8	1	6	4	9	3	5	2
6	3	4	1	2	5	9	8	7
9	2	5	7	8	3	4	1	6
1	7	6	9	5	4	8	2	3
8	9	2	3	6	1	7	4	5
4	5	3	8	7	2	1	6	9
2	4	7	5	9	8	6	3	1
5	1	9	4	3	6	2	7	8
3	6	8	2	1	7	5	9	4

#178

2	8	5	3	7	6	1	4	9
9	1	6	8	2	4	5	3	7
7	3	4	1	9	5	8	6	2
3	6	9	5	4	7	2	8	1
1	5	2	6	8	3	7	9	4
8	4	7	2	1	9	6	5	3
6	2	3	4	5	1	9	7	8
5	7	1	9	3	8	4	2	6
4	9	8	7	6	2	3	1	5

#179

2	8	5	3	9	4	6	1	7
7	9	3	6	1	2	4	5	8
1	6	4	8	5	7	9	3	2
6	5	9	4	7	8	1	2	3
8	1	7	2	3	9	5	4	6
3	4	2	1	6	5	7	8	9
9	3	8	5	4	6	2	7	1
5	2	6	7	8	1	3	9	4
4	7	1	9	2	3	8	6	5

#180

7	8	1	3	2	5	4	6	9
6	9	5	8	4	1	7	3	2
4	2	3	7	6	9	1	8	5
3	6	7	1	9	2	8	5	4
8	5	2	4	7	6	3	9	1
9	1	4	5	3	8	6	2	7
1	3	6	2	5	7	9	4	8
2	7	9	6	8	4	5	1	3
5	4	8	9	1	3	2	7	6

#181

8	4	9	7	5	1	2	3	6
6	5	3	9	8	2	7	4	1
7	2	1	6	3	4	9	5	8
4	7	8	2	9	3	6	1	5
3	6	2	8	1	5	4	9	7
9	1	5	4	6	7	8	2	3
2	3	7	1	4	8	5	6	9
5	8	6	3	2	9	1	7	4
1	9	4	5	7	6	3	8	2

#182

8	2	9	3	4	7	1	6	5
7	1	6	5	8	9	3	2	4
5	4	3	1	2	6	9	8	7
9	8	1	2	5	3	7	4	6
6	7	5	4	9	8	2	1	3
4	3	2	6	7	1	8	5	9
1	5	8	9	3	4	6	7	2
3	6	4	7	1	2	5	9	8
2	9	7	8	6	5	4	3	1

#183

5	8	9	6	7	2	4	1	3
3	2	7	5	1	4	9	6	8
6	4	1	9	3	8	5	7	2
4	7	3	2	5	1	6	8	9
8	1	6	4	9	7	3	2	5
2	9	5	3	8	6	7	4	1
9	6	4	1	2	3	8	5	7
7	5	2	8	6	9	1	3	4
1	3	8	7	4	5	2	9	6

#184

2	1	5	6	3	7	4	9	8
9	3	4	8	1	2	6	5	7
8	7	6	4	5	9	3	1	2
5	2	8	9	6	4	7	3	1
6	4	1	3	7	5	8	2	9
7	9	3	1	2	8	5	6	4
4	6	7	2	9	3	1	8	5
1	8	2	5	4	6	9	7	3
3	5	9	7	8	1	2	4	6

#185

1	5	4	7	2	3	6	8	9
3	8	6	1	4	9	7	2	5
7	2	9	6	5	8	1	4	3
5	9	8	3	1	7	4	6	2
4	6	7	8	9	2	3	5	1
2	3	1	4	6	5	8	9	7
8	1	5	9	7	6	2	3	4
9	7	3	2	8	4	5	1	6
6	4	2	5	3	1	9	7	8

#186

6	7	3	1	8	4	2	5	9
4	1	9	6	5	2	8	7	3
8	5	2	7	9	3	4	6	1
5	9	8	3	7	6	1	2	4
1	3	4	5	2	8	6	9	7
2	6	7	9	4	1	5	3	8
7	8	6	4	3	5	9	1	2
3	4	5	2	1	9	7	8	6
9	2	1	8	6	7	3	4	5

#187

3	1	7	9	2	8	4	6	5
4	2	6	5	1	3	8	7	9
8	5	9	4	6	7	1	3	2
1	6	3	8	9	2	7	5	4
5	7	8	3	4	6	9	2	1
9	4	2	1	7	5	3	8	6
2	9	5	7	8	4	6	1	3
7	3	4	6	5	1	2	9	8
6	8	1	2	3	9	5	4	7

#188

2	7	3	8	1	5	9	6	4
8	4	9	6	7	3	5	2	1
1	5	6	2	4	9	3	8	7
3	9	1	7	2	6	8	4	5
7	2	4	5	8	1	6	9	3
5	6	8	3	9	4	7	1	2
9	3	2	4	6	7	1	5	8
4	1	5	9	3	8	2	7	6
6	8	7	1	5	2	4	3	9

#189

9	4	6	5	8	3	2	1	7
8	3	2	9	1	7	4	6	5
5	1	7	6	4	2	9	3	8
2	8	1	7	3	5	6	4	9
6	7	9	4	2	1	8	5	3
4	5	3	8	6	9	1	7	2
3	6	5	2	9	4	7	8	1
7	2	8	1	5	6	3	9	4
1	9	4	3	7	8	5	2	6

#190

7	6	1	8	2	5	3	4	9
4	9	2	3	7	6	8	5	1
3	8	5	4	1	9	2	7	6
2	5	4	6	8	1	9	3	7
9	7	8	5	4	3	6	1	2
1	3	6	2	9	7	5	8	4
6	1	9	7	5	8	4	2	3
8	2	3	1	6	4	7	9	5
5	4	7	9	3	2	1	6	8

#191

2	9	8	5	1	3	4	7	6
4	3	1	7	6	2	9	5	8
7	6	5	8	4	9	3	2	1
3	8	4	2	7	6	5	1	9
9	1	7	3	5	4	8	6	2
6	5	2	9	8	1	7	3	4
8	4	3	6	2	7	1	9	5
1	2	9	4	3	5	6	8	7
5	7	6	1	9	8	2	4	3

#192

8	2	5	4	1	9	7	3	6
6	4	7	3	5	2	1	8	9
3	9	1	7	6	8	4	2	5
4	6	3	8	9	5	2	7	1
5	8	2	1	3	7	9	6	4
1	7	9	2	4	6	8	5	3
9	1	8	5	2	3	6	4	7
2	5	4	6	7	1	3	9	8
7	3	6	9	8	4	5	1	2

#193

1	6	7	3	5	8	9	2	4
8	4	5	7	2	9	1	6	3
9	3	2	1	4	6	7	5	8
6	7	1	9	8	4	2	3	5
4	2	3	5	6	7	8	1	9
5	9	8	2	3	1	4	7	6
2	5	4	8	7	3	6	9	1
7	1	6	4	9	5	3	8	2
3	8	9	6	1	2	5	4	7

#194

1	4	3	2	7	9	5	8	6
6	5	7	8	1	3	9	2	4
8	2	9	5	6	4	3	1	7
7	8	6	1	3	5	4	9	2
2	3	4	9	8	6	1	7	5
5	9	1	7	4	2	6	3	8
9	1	5	6	2	7	8	4	3
4	6	2	3	9	8	7	5	1
3	7	8	4	5	1	2	6	9

#195

7	5	1	4	3	6	8	2	9
4	6	2	8	9	7	5	3	1
3	8	9	5	1	2	6	4	7
6	3	5	9	7	8	2	1	4
2	7	8	3	4	1	9	5	6
1	9	4	2	6	5	7	8	3
9	2	7	1	8	4	3	6	5
8	1	3	6	5	9	4	7	2
5	4	6	7	2	3	1	9	8

#196

9	4	1	6	3	7	8	2	5
3	8	7	9	5	2	6	1	4
6	5	2	1	4	8	7	3	9
7	1	6	5	8	9	3	4	2
8	9	3	4	2	1	5	7	6
5	2	4	7	6	3	1	9	8
2	7	9	8	1	5	4	6	3
1	6	8	3	9	4	2	5	7
4	3	5	2	7	6	9	8	1

#197

7	3	4	8	1	9	5	2	6
6	8	2	4	5	3	1	9	7
9	5	1	2	7	6	8	3	4
1	7	5	9	6	4	3	8	2
4	2	3	7	8	5	9	6	1
8	6	9	3	2	1	4	7	5
5	4	7	6	9	8	2	1	3
3	9	6	1	4	2	7	5	8
2	1	8	5	3	7	6	4	9

#198

9	4	7	6	2	3	1	8	5
3	8	5	1	9	4	6	7	2
2	6	1	8	7	5	9	3	4
4	7	6	3	8	2	5	1	9
8	5	9	7	6	1	2	4	3
1	3	2	4	5	9	7	6	8
6	2	4	9	1	8	3	5	7
5	1	8	2	3	7	4	9	6
7	9	3	5	4	6	8	2	1

#199

7	6	4	9	8	1	5	3	2
8	1	2	7	5	3	6	9	4
5	3	9	2	6	4	7	8	1
1	5	7	4	2	9	8	6	3
4	8	3	5	7	6	2	1	9
9	2	6	1	3	8	4	7	5
3	7	5	8	1	2	9	4	6
2	4	1	6	9	7	3	5	8
6	9	8	3	4	5	1	2	7

#200

8	7	2	6	9	3	1	4	5
1	4	6	5	8	2	7	3	9
9	5	3	1	4	7	8	6	2
4	2	5	8	7	1	6	9	3
7	3	9	4	2	6	5	8	1
6	1	8	9	3	5	4	2	7
2	6	1	3	5	8	9	7	4
3	8	4	7	1	9	2	5	6
5	9	7	2	6	4	3	1	8

#201

6	3	9	2	4	1	5	7	8
4	7	1	8	9	5	2	6	3
8	2	5	3	7	6	4	9	1
9	6	8	7	5	4	3	1	2
1	5	3	6	2	9	7	8	4
7	4	2	1	8	3	6	5	9
3	9	6	5	1	2	8	4	7
5	8	4	9	3	7	1	2	6
2	1	7	4	6	8	9	3	5

#202

2	4	7	5	9	8	1	3	6
1	3	9	7	2	6	8	5	4
6	8	5	3	4	1	9	2	7
3	2	4	1	7	5	6	9	8
5	7	8	2	6	9	4	1	3
9	6	1	4	8	3	5	7	2
4	9	2	6	1	7	3	8	5
8	5	6	9	3	2	7	4	1
7	1	3	8	5	4	2	6	9

#203

3	5	6	9	8	4	2	1	7
9	7	1	3	6	2	4	8	5
2	4	8	1	7	5	9	3	6
7	3	5	2	9	1	8	6	4
6	1	4	8	5	3	7	9	2
8	9	2	7	4	6	3	5	1
4	6	3	5	2	9	1	7	8
5	8	9	4	1	7	6	2	3
1	2	7	6	3	8	5	4	9

#204

6	5	1	4	8	2	3	9	7
4	9	2	7	3	6	8	1	5
8	3	7	5	9	1	6	2	4
7	1	3	6	5	8	9	4	2
2	8	4	3	1	9	7	5	6
9	6	5	2	4	7	1	3	8
3	2	8	9	7	5	4	6	1
5	7	9	1	6	4	2	8	3
1	4	6	8	2	3	5	7	9

#205

2	7	1	3	8	4	6	9	5
4	9	5	6	1	7	8	2	3
6	8	3	5	2	9	7	1	4
8	4	6	1	3	5	9	7	2
3	5	7	8	9	2	4	6	1
9	1	2	7	4	6	5	3	8
1	6	4	2	7	8	3	5	9
5	3	9	4	6	1	2	8	7
7	2	8	9	5	3	1	4	6

#206

6	4	5	9	8	1	3	7	2
9	7	8	3	2	6	5	1	4
2	1	3	4	7	5	9	6	8
5	2	6	1	3	7	4	8	9
7	3	1	8	9	4	6	2	5
8	9	4	6	5	2	1	3	7
4	8	7	5	6	3	2	9	1
3	5	9	2	1	8	7	4	6
1	6	2	7	4	9	8	5	3

#207

9	6	7	4	5	1	2	8	3
2	5	3	8	9	6	7	1	4
8	4	1	7	2	3	9	5	6
6	1	4	5	3	7	8	2	9
3	2	9	1	6	8	5	4	7
5	7	8	2	4	9	6	3	1
7	3	5	9	8	4	1	6	2
1	8	6	3	7	2	4	9	5
4	9	2	6	1	5	3	7	8

#208

3	9	7	2	5	8	4	1	6
2	8	5	1	4	6	7	9	3
4	1	6	3	7	9	8	2	5
9	6	8	7	1	2	3	5	4
5	4	1	8	6	3	9	7	2
7	2	3	5	9	4	1	6	8
8	3	9	6	2	1	5	4	7
6	5	4	9	3	7	2	8	1
1	7	2	4	8	5	6	3	9

#209

3	5	9	1	7	8	2	6	4
8	4	2	6	3	5	7	9	1
7	6	1	9	2	4	5	8	3
5	1	8	4	6	7	3	2	9
2	9	4	8	5	3	6	1	7
6	3	7	2	1	9	4	5	8
4	2	6	3	9	1	8	7	5
9	8	5	7	4	2	1	3	6
1	7	3	5	8	6	9	4	2

#210

5	9	1	4	3	6	2	7	8
2	6	4	1	8	7	5	3	9
8	7	3	5	9	2	6	1	4
3	5	9	2	1	4	7	8	6
6	4	7	8	5	9	3	2	1
1	8	2	6	7	3	4	9	5
4	2	8	3	6	1	9	5	7
9	1	6	7	2	5	8	4	3
7	3	5	9	4	8	1	6	2

#211

1	5	3	6	8	4	7	9	2
2	9	8	7	1	5	3	6	4
6	7	4	3	9	2	5	8	1
3	6	2	1	7	9	4	5	8
8	4	9	2	5	6	1	3	7
5	1	7	8	4	3	9	2	6
9	8	5	4	2	7	6	1	3
4	2	6	5	3	1	8	7	9
7	3	1	9	6	8	2	4	5

#212

3	6	7	5	2	1	9	8	4
8	9	1	4	3	6	5	7	2
4	2	5	7	8	9	6	3	1
1	5	9	2	7	3	8	4	6
6	7	3	9	4	8	1	2	5
2	8	4	6	1	5	7	9	3
9	3	6	8	5	2	4	1	7
5	4	2	1	9	7	3	6	8
7	1	8	3	6	4	2	5	9

#213

6	4	8	9	5	3	2	7	1
9	5	7	6	2	1	4	3	8
2	3	1	8	4	7	6	9	5
4	6	5	3	9	2	8	1	7
1	2	3	5	7	8	9	6	4
8	7	9	4	1	6	3	5	2
3	8	4	1	6	5	7	2	9
5	9	2	7	3	4	1	8	6
7	1	6	2	8	9	5	4	3

#214

5	7	2	6	9	4	1	3	8
9	8	6	3	1	2	7	4	5
1	4	3	7	8	5	6	9	2
3	2	4	9	7	1	5	8	6
7	9	8	2	5	6	3	1	4
6	5	1	8	4	3	9	2	7
8	3	5	4	6	9	2	7	1
2	1	7	5	3	8	4	6	9
4	6	9	1	2	7	8	5	3

#215

9	5	1	2	4	6	3	8	7
4	8	2	3	5	7	6	9	1
3	6	7	8	1	9	5	2	4
1	2	6	7	3	4	9	5	8
8	3	5	1	9	2	7	4	6
7	9	4	6	8	5	2	1	3
6	4	3	5	2	8	1	7	9
2	1	9	4	7	3	8	6	5
5	7	8	9	6	1	4	3	2

#216

7	6	8	5	9	1	4	3	2
4	2	3	7	8	6	9	1	5
1	9	5	2	3	4	7	6	8
5	1	6	3	4	9	8	2	7
9	8	7	6	1	2	5	4	3
3	4	2	8	5	7	1	9	6
8	5	4	9	6	3	2	7	1
2	3	1	4	7	5	6	8	9
6	7	9	1	2	8	3	5	4

#217

6	5	2	1	8	3	4	9	7
4	8	3	9	2	7	6	1	5
1	7	9	4	6	5	8	3	2
5	3	8	2	7	4	1	6	9
7	1	6	3	5	9	2	4	8
9	2	4	6	1	8	7	5	3
2	9	5	7	4	6	3	8	1
3	6	1	8	9	2	5	7	4
8	4	7	5	3	1	9	2	6

#218

6	1	2	3	8	7	4	5	9
5	7	8	4	9	2	3	1	6
3	9	4	6	5	1	8	2	7
1	5	9	7	6	4	2	8	3
2	8	6	1	3	5	7	9	4
7	4	3	8	2	9	5	6	1
9	3	1	5	7	8	6	4	2
4	6	5	2	1	3	9	7	8
8	2	7	9	4	6	1	3	5

#219

2	5	8	4	3	1	6	9	7
6	9	1	2	7	5	8	4	3
3	7	4	6	8	9	2	1	5
5	3	6	8	4	2	9	7	1
8	4	7	1	9	6	3	5	2
1	2	9	3	5	7	4	8	6
4	6	5	9	1	3	7	2	8
7	8	3	5	2	4	1	6	9
9	1	2	7	6	8	5	3	4

#220

5	1	6	7	8	2	4	9	3
3	2	8	4	1	9	6	5	7
4	7	9	5	3	6	2	1	8
2	8	4	6	9	5	7	3	1
7	3	5	1	4	8	9	2	6
9	6	1	3	2	7	8	4	5
6	5	3	9	7	4	1	8	2
8	4	7	2	5	1	3	6	9
1	9	2	8	6	3	5	7	4

#221

9	2	7	4	6	5	3	1	8
1	3	6	9	8	7	5	4	2
4	8	5	1	3	2	9	6	7
2	5	4	6	1	8	7	9	3
8	7	9	3	5	4	6	2	1
3	6	1	2	7	9	8	5	4
5	9	3	7	2	1	4	8	6
7	4	2	8	9	6	1	3	5
6	1	8	5	4	3	2	7	9

#222

3	5	7	1	2	8	9	6	4
9	4	8	6	5	3	1	2	7
6	2	1	9	4	7	8	5	3
8	3	6	5	9	4	2	7	1
5	7	9	2	3	1	6	4	8
2	1	4	7	8	6	3	9	5
4	6	5	3	1	9	7	8	2
7	8	3	4	6	2	5	1	9
1	9	2	8	7	5	4	3	6

#223

1	4	2	3	9	6	8	7	5
3	8	6	1	5	7	4	9	2
7	9	5	4	2	8	6	1	3
6	7	1	5	8	2	3	4	9
8	5	9	6	3	4	1	2	7
4	2	3	7	1	9	5	6	8
2	1	7	8	4	3	9	5	6
9	3	4	2	6	5	7	8	1
5	6	8	9	7	1	2	3	4

#224

7	4	3	8	2	9	1	6	5
2	6	1	3	5	4	8	7	9
8	9	5	7	1	6	2	4	3
5	8	2	1	3	7	6	9	4
1	3	4	6	9	8	7	5	2
9	7	6	5	4	2	3	1	8
6	2	9	4	7	3	5	8	1
3	1	7	9	8	5	4	2	6
4	5	8	2	6	1	9	3	7

#225

6	2	7	4	8	5	9	1	3
8	3	9	7	1	6	5	2	4
4	5	1	2	9	3	8	7	6
3	1	4	9	6	7	2	8	5
2	9	5	8	3	1	6	4	7
7	6	8	5	4	2	1	3	9
9	7	3	1	5	8	4	6	2
5	8	6	3	2	4	7	9	1
1	4	2	6	7	9	3	5	8

#226

7	8	1	3	5	2	9	4	6
4	9	2	7	8	6	3	5	1
6	3	5	9	1	4	8	7	2
5	1	7	8	4	9	2	6	3
2	6	3	1	7	5	4	9	8
8	4	9	2	6	3	7	1	5
9	5	4	6	2	8	1	3	7
1	2	6	4	3	7	5	8	9
3	7	8	5	9	1	6	2	4

#227

6	5	4	9	2	8	3	1	7
9	7	3	5	1	6	4	2	8
2	8	1	7	3	4	5	6	9
7	1	6	4	9	2	8	3	5
8	3	2	1	5	7	9	4	6
5	4	9	8	6	3	2	7	1
1	2	5	6	4	9	7	8	3
3	6	8	2	7	5	1	9	4
4	9	7	3	8	1	6	5	2

#228

3	7	1	6	9	4	5	8	2
4	9	2	7	8	5	1	3	6
5	8	6	2	3	1	7	9	4
9	2	5	1	7	8	6	4	3
7	6	8	9	4	3	2	1	5
1	3	4	5	6	2	8	7	9
6	4	7	8	2	9	3	5	1
2	1	3	4	5	7	9	6	8
8	5	9	3	1	6	4	2	7

#229

6	9	8	1	3	5	7	4	2
1	7	5	4	2	8	3	9	6
4	3	2	9	6	7	5	8	1
7	6	3	5	4	1	9	2	8
5	1	9	2	8	6	4	7	3
8	2	4	3	7	9	6	1	5
3	5	7	8	9	2	1	6	4
9	8	1	6	5	4	2	3	7
2	4	6	7	1	3	8	5	9

#230

2	7	9	4	6	3	5	1	8
8	1	3	5	7	9	4	6	2
5	6	4	2	1	8	7	3	9
4	2	1	6	8	5	9	7	3
9	3	6	1	4	7	2	8	5
7	8	5	3	9	2	6	4	1
1	9	8	7	2	6	3	5	4
3	4	7	9	5	1	8	2	6
6	5	2	8	3	4	1	9	7

#231

7	5	6	2	9	3	4	1	8
9	4	2	5	1	8	3	6	7
3	1	8	7	6	4	9	5	2
4	6	3	9	2	1	8	7	5
2	8	5	3	4	7	1	9	6
1	9	7	6	8	5	2	4	3
5	7	1	8	3	9	6	2	4
6	3	9	4	7	2	5	8	1
8	2	4	1	5	6	7	3	9

#232

3	1	2	7	9	8	5	6	4
5	9	7	1	4	6	2	3	8
6	4	8	2	5	3	1	7	9
9	6	1	3	8	4	7	2	5
7	2	5	6	1	9	8	4	3
8	3	4	5	7	2	9	1	6
2	5	9	4	3	1	6	8	7
1	8	3	9	6	7	4	5	2
4	7	6	8	2	5	3	9	1

#233

7	9	5	8	6	3	2	4	1
2	1	4	7	5	9	3	8	6
6	3	8	1	4	2	5	7	9
9	8	1	5	7	4	6	2	3
5	2	7	6	3	1	8	9	4
3	4	6	2	9	8	1	5	7
8	6	3	9	2	7	4	1	5
4	7	2	3	1	5	9	6	8
1	5	9	4	8	6	7	3	2

#234

9	7	1	5	4	6	3	2	8
2	3	4	8	9	1	7	6	5
8	6	5	7	3	2	4	9	1
3	4	8	9	6	7	1	5	2
7	1	9	2	5	3	8	4	6
5	2	6	4	1	8	9	7	3
4	5	3	1	2	9	6	8	7
1	8	2	6	7	4	5	3	9
6	9	7	3	8	5	2	1	4

#235

1	5	3	2	8	6	7	4	9
4	7	8	9	1	3	2	5	6
6	2	9	7	4	5	8	3	1
7	6	2	5	3	9	1	8	4
5	8	4	1	6	7	3	9	2
3	9	1	8	2	4	6	7	5
8	3	6	4	9	1	5	2	7
9	1	5	3	7	2	4	6	8
2	4	7	6	5	8	9	1	3

#236

3	4	2	5	1	6	9	7	8
5	8	6	7	4	9	1	3	2
9	1	7	8	3	2	6	4	5
4	9	3	1	7	5	8	2	6
1	7	8	6	2	3	4	5	9
6	2	5	4	9	8	7	1	3
2	3	1	9	8	4	5	6	7
8	5	4	2	6	7	3	9	1
7	6	9	3	5	1	2	8	4

#237

2	6	1	3	7	4	9	8	5
7	5	9	6	8	1	4	3	2
8	3	4	9	5	2	6	7	1
5	9	8	4	1	6	3	2	7
3	1	7	2	9	5	8	6	4
4	2	6	7	3	8	5	1	9
1	4	3	8	2	9	7	5	6
6	8	2	5	4	7	1	9	3
9	7	5	1	6	3	2	4	8

#238

5	6	8	4	7	3	2	1	9
4	3	1	9	6	2	7	8	5
7	9	2	1	8	5	6	4	3
2	8	9	7	3	6	4	5	1
1	7	3	8	5	4	9	2	6
6	4	5	2	1	9	3	7	8
3	1	7	6	4	8	5	9	2
9	5	4	3	2	1	8	6	7
8	2	6	5	9	7	1	3	4

#239

6	3	5	4	9	7	1	2	8
1	4	2	8	6	3	7	9	5
8	7	9	2	5	1	3	4	6
4	9	6	3	1	2	5	8	7
2	8	3	9	7	5	6	1	4
5	1	7	6	4	8	9	3	2
3	5	1	7	8	4	2	6	9
7	6	4	1	2	9	8	5	3
9	2	8	5	3	6	4	7	1

#240

1	8	6	5	2	3	7	9	4
7	2	5	9	4	6	8	1	3
4	9	3	1	8	7	2	6	5
3	7	8	6	1	5	9	4	2
2	5	1	4	9	8	6	3	7
6	4	9	3	7	2	1	5	8
5	1	7	2	6	4	3	8	9
9	3	2	8	5	1	4	7	6
8	6	4	7	3	9	5	2	1

#241

9	1	8	2	3	6	5	4	7
5	6	2	7	4	9	8	3	1
7	3	4	8	1	5	2	6	9
3	8	1	9	6	2	7	5	4
4	2	7	1	5	3	6	9	8
6	9	5	4	8	7	3	1	2
8	4	6	3	2	1	9	7	5
1	7	3	5	9	8	4	2	6
2	5	9	6	7	4	1	8	3

#242

7	4	5	6	1	2	9	3	8
6	1	8	9	3	7	2	4	5
3	9	2	4	5	8	6	7	1
8	6	4	1	7	9	3	5	2
9	5	3	8	2	6	7	1	4
1	2	7	3	4	5	8	6	9
4	7	1	2	8	3	5	9	6
5	8	6	7	9	4	1	2	3
2	3	9	5	6	1	4	8	7

#243

3	5	9	2	4	1	8	7	6
6	8	1	3	9	7	2	4	5
2	4	7	8	6	5	9	1	3
4	9	6	7	1	2	5	3	8
5	7	8	4	3	9	6	2	1
1	2	3	5	8	6	7	9	4
8	6	2	1	7	3	4	5	9
9	1	5	6	2	4	3	8	7
7	3	4	9	5	8	1	6	2

#244

3	2	5	8	7	1	6	9	4
7	8	9	4	2	6	1	5	3
1	6	4	9	5	3	7	2	8
5	4	3	1	9	2	8	6	7
9	7	2	3	6	8	5	4	1
8	1	6	5	4	7	9	3	2
2	3	8	6	1	9	4	7	5
6	5	1	7	3	4	2	8	9
4	9	7	2	8	5	3	1	6

#245

5	6	3	8	1	9	4	2	7
2	7	1	5	3	4	9	8	6
8	4	9	2	6	7	1	5	3
7	1	2	6	5	8	3	4	9
4	8	6	3	9	2	7	1	5
9	3	5	4	7	1	2	6	8
1	5	7	9	2	6	8	3	4
3	9	4	1	8	5	6	7	2
6	2	8	7	4	3	5	9	1

#246

5	3	8	1	4	6	2	7	9
4	9	1	2	7	8	3	6	5
2	7	6	3	5	9	4	1	8
8	1	2	4	9	3	7	5	6
7	5	4	6	2	1	9	8	3
3	6	9	5	8	7	1	2	4
9	2	7	8	3	5	6	4	1
1	8	3	7	6	4	5	9	2
6	4	5	9	1	2	8	3	7

#247

5	1	2	4	7	8	6	9	3
8	6	9	5	1	3	4	2	7
3	4	7	2	9	6	8	1	5
9	3	6	1	8	4	5	7	2
4	5	8	9	2	7	3	6	1
2	7	1	3	6	5	9	4	8
1	2	3	8	4	9	7	5	6
6	9	5	7	3	2	1	8	4
7	8	4	6	5	1	2	3	9

#248

9	4	2	6	8	3	5	7	1
7	6	8	5	1	2	3	4	9
5	1	3	4	7	9	8	6	2
1	2	7	3	6	8	9	5	4
3	9	6	7	4	5	1	2	8
8	5	4	2	9	1	6	3	7
6	8	5	9	2	7	4	1	3
4	7	9	1	3	6	2	8	5
2	3	1	8	5	4	7	9	6

#249

4	3	1	9	8	6	2	7	5
6	7	2	3	5	1	9	4	8
9	8	5	4	7	2	6	1	3
7	2	9	6	1	5	3	8	4
8	1	4	2	3	7	5	9	6
5	6	3	8	9	4	1	2	7
3	4	8	1	6	9	7	5	2
1	5	6	7	2	8	4	3	9
2	9	7	5	4	3	8	6	1

#250

3	1	7	5	8	2	9	6	4
8	4	9	3	6	7	1	5	2
2	5	6	9	4	1	7	8	3
5	8	1	2	9	3	4	7	6
9	7	4	8	1	6	3	2	5
6	2	3	4	7	5	8	1	9
4	6	8	1	5	9	2	3	7
1	3	5	7	2	4	6	9	8
7	9	2	6	3	8	5	4	1

#251

2	1	4	6	8	7	9	3	5
5	9	8	2	3	4	6	7	1
7	6	3	5	1	9	8	2	4
8	2	7	4	5	1	3	6	9
4	3	9	8	6	2	1	5	7
6	5	1	7	9	3	4	8	2
9	7	6	3	4	5	2	1	8
1	8	2	9	7	6	5	4	3
3	4	5	1	2	8	7	9	6

#252

5	4	9	2	7	8	1	6	3
3	7	1	5	6	9	8	2	4
6	8	2	1	3	4	9	5	7
7	1	8	6	5	3	4	9	2
4	5	3	9	1	2	6	7	8
9	2	6	8	4	7	3	1	5
2	6	7	4	8	1	5	3	9
1	3	4	7	9	5	2	8	6
8	9	5	3	2	6	7	4	1

#253

5	1	3	9	8	6	2	4	7
6	8	2	7	5	4	3	9	1
7	4	9	1	3	2	8	5	6
8	3	1	2	7	9	4	6	5
9	5	6	4	1	3	7	8	2
2	7	4	5	6	8	1	3	9
4	2	8	6	9	1	5	7	3
1	9	5	3	4	7	6	2	8
3	6	7	8	2	5	9	1	4

#254

5	8	7	2	3	4	6	9	1
1	3	6	5	9	7	4	2	8
9	4	2	1	6	8	5	7	3
3	9	1	7	4	5	8	6	2
7	2	5	6	8	9	3	1	4
4	6	8	3	1	2	7	5	9
6	5	9	4	2	3	1	8	7
2	7	4	8	5	1	9	3	6
8	1	3	9	7	6	2	4	5

#255

6	8	1	9	3	4	5	2	7
9	2	3	1	7	5	6	8	4
7	5	4	2	8	6	1	9	3
4	1	9	7	5	3	8	6	2
5	6	8	4	1	2	3	7	9
2	3	7	8	6	9	4	5	1
1	4	6	5	2	7	9	3	8
3	9	2	6	4	8	7	1	5
8	7	5	3	9	1	2	4	6

#256

3	8	2	1	6	9	4	7	5
7	4	1	2	8	5	6	9	3
6	9	5	7	3	4	8	2	1
9	2	7	8	1	6	5	3	4
4	1	3	5	9	2	7	6	8
8	5	6	4	7	3	9	1	2
1	6	9	3	5	8	2	4	7
5	7	4	6	2	1	3	8	9
2	3	8	9	4	7	1	5	6

#257

5	1	8	7	2	4	9	3	6
3	6	2	1	8	9	5	7	4
9	7	4	3	5	6	1	8	2
4	5	6	2	1	8	3	9	7
7	2	3	4	9	5	6	1	8
1	8	9	6	7	3	4	2	5
2	3	1	5	4	7	8	6	9
6	9	5	8	3	2	7	4	1
8	4	7	9	6	1	2	5	3

#258

8	5	7	9	6	4	2	3	1
4	1	9	7	2	3	5	6	8
3	6	2	5	1	8	4	7	9
1	4	5	6	7	2	8	9	3
2	9	8	3	4	1	7	5	6
7	3	6	8	5	9	1	4	2
6	2	3	4	8	5	9	1	7
9	8	4	1	3	7	6	2	5
5	7	1	2	9	6	3	8	4

#259

5	7	3	2	8	9	4	1	6
4	2	1	7	6	3	9	8	5
6	8	9	5	4	1	3	2	7
8	4	7	1	5	2	6	9	3
1	9	6	3	7	4	8	5	2
3	5	2	6	9	8	7	4	1
2	6	8	9	1	7	5	3	4
7	3	4	8	2	5	1	6	9
9	1	5	4	3	6	2	7	8

#260

4	3	7	5	2	8	9	1	6
2	5	6	3	9	1	4	8	7
1	9	8	6	4	7	2	3	5
5	1	9	7	3	6	8	4	2
8	6	4	1	5	2	3	7	9
3	7	2	9	8	4	6	5	1
6	4	1	8	7	9	5	2	3
7	8	3	2	6	5	1	9	4
9	2	5	4	1	3	7	6	8

#261

5	3	9	4	1	6	7	8	2
7	2	1	5	8	9	6	3	4
8	6	4	7	3	2	1	5	9
3	8	2	9	7	4	5	6	1
4	1	6	2	5	8	9	7	3
9	5	7	3	6	1	2	4	8
1	9	3	6	4	7	8	2	5
2	7	5	8	9	3	4	1	6
6	4	8	1	2	5	3	9	7

#262

2	1	4	9	6	3	8	5	7
7	5	9	8	2	1	6	3	4
3	8	6	4	7	5	9	1	2
9	6	5	7	1	4	3	2	8
8	4	2	3	5	9	7	6	1
1	3	7	6	8	2	5	4	9
5	7	8	1	4	6	2	9	3
6	9	1	2	3	8	4	7	5
4	2	3	5	9	7	1	8	6

#263

2	1	5	7	9	4	6	8	3
7	8	9	6	5	3	1	4	2
4	6	3	2	8	1	7	5	9
5	2	8	9	1	7	3	6	4
9	4	6	8	3	5	2	7	1
3	7	1	4	6	2	5	9	8
1	3	4	5	7	9	8	2	6
6	9	7	1	2	8	4	3	5
8	5	2	3	4	6	9	1	7

#264

9	5	4	7	3	2	1	6	8
7	2	6	5	8	1	9	3	4
1	3	8	9	4	6	5	7	2
3	6	9	2	1	7	8	4	5
4	7	2	8	5	9	3	1	6
5	8	1	4	6	3	2	9	7
8	1	7	6	9	5	4	2	3
2	9	5	3	7	4	6	8	1
6	4	3	1	2	8	7	5	9

#265

5	3	6	1	8	4	7	2	9
8	7	2	5	3	9	4	6	1
9	1	4	6	7	2	8	5	3
3	6	5	9	2	7	1	4	8
7	2	8	3	4	1	5	9	6
1	4	9	8	5	6	2	3	7
4	8	1	2	9	3	6	7	5
2	5	3	7	6	8	9	1	4
6	9	7	4	1	5	3	8	2

#266

2	7	9	8	5	6	4	3	1
1	4	5	9	7	3	8	6	2
8	6	3	2	1	4	5	9	7
9	8	7	4	3	2	6	1	5
4	1	2	5	6	7	3	8	9
5	3	6	1	9	8	2	7	4
7	9	8	3	2	5	1	4	6
6	5	4	7	8	1	9	2	3
3	2	1	6	4	9	7	5	8

#267

2	6	3	9	1	4	8	5	7
1	8	4	7	5	6	9	2	3
5	9	7	2	3	8	6	1	4
9	3	2	4	6	5	7	8	1
8	1	6	3	7	9	5	4	2
7	4	5	8	2	1	3	9	6
3	5	8	6	4	2	1	7	9
6	2	1	5	9	7	4	3	8
4	7	9	1	8	3	2	6	5

#268

4	2	3	8	7	5	9	1	6
6	8	7	1	9	2	5	3	4
9	5	1	6	3	4	2	8	7
7	9	8	5	4	1	6	2	3
3	1	5	9	2	6	4	7	8
2	4	6	3	8	7	1	5	9
5	3	4	2	6	8	7	9	1
8	6	2	7	1	9	3	4	5
1	7	9	4	5	3	8	6	2

#269

8	3	4	6	2	1	9	7	5
5	7	9	8	3	4	6	1	2
6	1	2	9	5	7	4	3	8
7	9	1	5	8	3	2	6	4
3	5	6	1	4	2	7	8	9
4	2	8	7	9	6	3	5	1
2	6	5	3	1	9	8	4	7
9	8	7	4	6	5	1	2	3
1	4	3	2	7	8	5	9	6

#270

3	4	7	8	6	9	1	5	2
5	2	1	7	4	3	6	9	8
6	8	9	1	2	5	3	4	7
8	1	5	2	3	4	9	7	6
2	7	4	6	9	1	8	3	5
9	3	6	5	8	7	4	2	1
7	6	3	4	1	2	5	8	9
1	9	2	3	5	8	7	6	4
4	5	8	9	7	6	2	1	3

#271

3	4	9	2	1	7	8	5	6
1	5	6	3	8	9	4	2	7
8	7	2	5	6	4	3	1	9
7	8	4	6	9	1	5	3	2
9	6	5	4	3	2	7	8	1
2	1	3	7	5	8	9	6	4
6	2	7	8	4	5	1	9	3
4	9	8	1	2	3	6	7	5
5	3	1	9	7	6	2	4	8

#272

4	7	8	2	9	1	5	6	3
2	6	3	7	4	5	1	8	9
9	1	5	6	3	8	2	4	7
6	9	1	3	7	2	4	5	8
8	3	2	1	5	4	9	7	6
5	4	7	8	6	9	3	2	1
3	8	9	5	2	6	7	1	4
1	2	4	9	8	7	6	3	5
7	5	6	4	1	3	8	9	2

#273

2	1	9	8	6	5	3	7	4
8	6	4	3	2	7	5	9	1
7	3	5	4	9	1	6	8	2
6	7	8	2	5	3	4	1	9
1	4	3	6	8	9	7	2	5
5	9	2	1	7	4	8	6	3
3	5	6	7	1	2	9	4	8
9	8	1	5	4	6	2	3	7
4	2	7	9	3	8	1	5	6

#274

2	7	1	5	6	3	8	9	4
9	8	3	7	1	4	2	6	5
4	6	5	2	8	9	3	1	7
7	3	2	9	5	8	1	4	6
8	1	9	4	3	6	5	7	2
6	5	4	1	7	2	9	8	3
1	4	8	6	2	5	7	3	9
3	2	6	8	9	7	4	5	1
5	9	7	3	4	1	6	2	8

#275

1	8	2	3	4	9	6	7	5
3	7	5	2	6	8	9	1	4
4	6	9	5	1	7	2	8	3
6	9	3	1	7	4	8	5	2
8	5	1	6	3	2	4	9	7
7	2	4	8	9	5	3	6	1
5	3	6	4	8	1	7	2	9
9	1	8	7	2	3	5	4	6
2	4	7	9	5	6	1	3	8

#276

8	3	9	4	5	7	2	6	1
2	6	5	1	8	9	7	3	4
4	1	7	6	3	2	5	9	8
5	9	4	2	6	8	3	1	7
1	2	6	3	7	4	8	5	9
7	8	3	5	9	1	6	4	2
9	5	2	7	4	3	1	8	6
6	4	1	8	2	5	9	7	3
3	7	8	9	1	6	4	2	5

#277

2	4	1	6	8	5	9	7	3
3	9	8	2	4	7	5	6	1
6	5	7	9	3	1	2	4	8
4	3	2	7	5	8	6	1	9
1	7	5	4	6	9	8	3	2
8	6	9	3	1	2	7	5	4
5	1	6	8	2	3	4	9	7
9	2	3	5	7	4	1	8	6
7	8	4	1	9	6	3	2	5

#278

4	7	6	2	3	1	5	8	9
1	8	5	6	4	9	2	3	7
2	9	3	8	7	5	4	1	6
3	2	7	9	5	6	8	4	1
6	4	8	3	1	7	9	5	2
9	5	1	4	2	8	6	7	3
8	3	9	1	6	4	7	2	5
7	6	2	5	8	3	1	9	4
5	1	4	7	9	2	3	6	8

#279

7	3	6	8	9	5	4	1	2
8	9	1	4	2	3	7	5	6
4	5	2	7	6	1	8	9	3
5	4	7	1	3	2	6	8	9
9	2	3	6	7	8	1	4	5
1	6	8	9	5	4	3	2	7
3	8	9	5	1	6	2	7	4
2	7	4	3	8	9	5	6	1
6	1	5	2	4	7	9	3	8

#280

5	9	4	3	6	8	2	1	7
7	1	2	5	9	4	3	8	6
6	8	3	1	7	2	9	4	5
8	7	6	9	5	1	4	2	3
1	2	9	4	3	6	5	7	8
3	4	5	8	2	7	6	9	1
9	3	1	7	4	5	8	6	2
4	6	7	2	8	3	1	5	9
2	5	8	6	1	9	7	3	4

#281

7	2	4	9	6	8	5	1	3
3	5	9	4	1	2	7	8	6
8	1	6	7	5	3	4	9	2
2	9	3	5	4	1	8	6	7
1	6	8	3	9	7	2	4	5
5	4	7	2	8	6	1	3	9
6	8	5	1	2	9	3	7	4
9	3	2	8	7	4	6	5	1
4	7	1	6	3	5	9	2	8

#282

1	4	8	3	2	7	5	9	6
2	9	7	6	8	5	1	4	3
3	6	5	4	1	9	2	8	7
8	2	6	1	7	4	3	5	9
5	7	3	8	9	2	6	1	4
4	1	9	5	6	3	7	2	8
6	5	4	2	3	8	9	7	1
9	3	2	7	4	1	8	6	5
7	8	1	9	5	6	4	3	2

#283

4	7	2	9	5	3	8	1	6
8	5	9	4	1	6	2	7	3
1	3	6	8	2	7	5	4	9
3	2	4	6	8	1	9	5	7
9	6	1	5	7	2	4	3	8
7	8	5	3	9	4	6	2	1
2	4	8	7	3	9	1	6	5
6	9	3	1	4	5	7	8	2
5	1	7	2	6	8	3	9	4

#284

2	1	7	3	4	8	5	9	6
6	4	9	1	5	7	2	8	3
3	8	5	9	6	2	4	7	1
1	9	4	2	3	5	8	6	7
8	5	6	7	9	1	3	2	4
7	3	2	4	8	6	1	5	9
5	7	8	6	1	3	9	4	2
9	6	3	8	2	4	7	1	5
4	2	1	5	7	9	6	3	8

#285

5	9	3	7	6	4	8	1	2
1	2	7	9	5	8	6	3	4
4	6	8	3	1	2	7	5	9
6	3	1	5	4	7	9	2	8
8	7	9	2	3	6	1	4	5
2	5	4	8	9	1	3	6	7
9	1	2	4	7	3	5	8	6
7	8	6	1	2	5	4	9	3
3	4	5	6	8	9	2	7	1

#286

4	1	9	6	7	5	2	3	8
8	3	5	4	1	2	7	6	9
7	2	6	9	8	3	5	1	4
1	7	8	2	3	9	4	5	6
2	6	4	7	5	1	9	8	3
5	9	3	8	6	4	1	2	7
9	5	1	3	4	6	8	7	2
6	4	7	1	2	8	3	9	5
3	8	2	5	9	7	6	4	1

#287

9	2	7	8	6	3	5	4	1
8	1	3	7	5	4	9	2	6
5	6	4	2	9	1	7	3	8
7	8	9	6	3	2	1	5	4
3	4	6	5	1	9	8	7	2
1	5	2	4	7	8	6	9	3
4	7	8	1	2	5	3	6	9
2	9	5	3	8	6	4	1	7
6	3	1	9	4	7	2	8	5

#288

2	4	7	1	5	6	9	3	8
5	3	1	8	7	9	4	6	2
9	6	8	4	3	2	5	7	1
1	8	5	9	2	3	7	4	6
6	2	4	5	8	7	1	9	3
7	9	3	6	4	1	2	8	5
8	1	6	7	9	5	3	2	4
3	5	9	2	6	4	8	1	7
4	7	2	3	1	8	6	5	9

#289

4	3	9	1	6	5	2	7	8
7	2	1	8	9	3	4	6	5
6	8	5	4	7	2	9	3	1
8	5	6	9	2	4	3	1	7
1	9	3	7	5	8	6	4	2
2	7	4	3	1	6	5	8	9
9	6	8	2	3	1	7	5	4
5	4	7	6	8	9	1	2	3
3	1	2	5	4	7	8	9	6

#290

6	4	8	1	2	7	5	9	3
9	7	5	3	6	4	8	2	1
2	1	3	9	5	8	6	4	7
3	6	4	8	9	2	7	1	5
1	9	2	5	7	6	3	8	4
5	8	7	4	1	3	9	6	2
7	5	6	2	4	9	1	3	8
4	3	9	7	8	1	2	5	6
8	2	1	6	3	5	4	7	9

#291

8	1	4	5	7	3	2	6	9
2	5	6	8	9	4	3	1	7
9	3	7	6	2	1	4	5	8
6	2	8	3	1	9	7	4	5
3	9	1	4	5	7	8	2	6
7	4	5	2	8	6	1	9	3
1	6	3	7	4	5	9	8	2
5	8	9	1	3	2	6	7	4
4	7	2	9	6	8	5	3	1

#292

7	2	5	3	1	6	8	9	4
1	8	4	2	5	9	7	3	6
6	3	9	7	4	8	1	5	2
2	5	6	4	8	1	3	7	9
4	9	8	5	3	7	6	2	1
3	1	7	6	9	2	5	4	8
5	4	2	1	6	3	9	8	7
8	6	3	9	7	4	2	1	5
9	7	1	8	2	5	4	6	3

#293

4	1	8	2	9	5	6	3	7
6	7	5	3	1	8	4	2	9
2	9	3	7	4	6	5	1	8
3	2	6	1	5	7	8	9	4
1	5	9	8	3	4	2	7	6
8	4	7	9	6	2	1	5	3
7	6	1	4	2	9	3	8	5
5	8	2	6	7	3	9	4	1
9	3	4	5	8	1	7	6	2

#294

2	1	9	5	7	6	3	4	8
6	5	3	2	4	8	1	9	7
8	4	7	1	3	9	5	6	2
7	2	6	9	1	4	8	5	3
4	8	1	3	2	5	9	7	6
9	3	5	6	8	7	4	2	1
3	6	2	4	9	1	7	8	5
1	9	8	7	5	2	6	3	4
5	7	4	8	6	3	2	1	9

#295

1	5	2	4	3	9	6	8	7
6	4	7	2	5	8	1	3	9
3	8	9	6	7	1	2	4	5
2	7	1	9	4	3	8	5	6
4	9	6	1	8	5	7	2	3
5	3	8	7	6	2	9	1	4
8	2	4	5	9	7	3	6	1
7	1	5	3	2	6	4	9	8
9	6	3	8	1	4	5	7	2

#296

5	1	2	3	4	9	8	7	6
7	8	9	5	2	6	3	1	4
3	6	4	7	1	8	9	5	2
8	7	5	2	3	1	4	6	9
6	4	1	9	8	7	5	2	3
2	9	3	4	6	5	1	8	7
1	3	7	8	9	2	6	4	5
9	5	8	6	7	4	2	3	1
4	2	6	1	5	3	7	9	8

#297

4	6	7	3	8	2	1	5	9
3	2	5	4	1	9	7	8	6
1	8	9	6	5	7	4	3	2
7	4	8	2	9	3	5	6	1
6	9	2	1	4	5	8	7	3
5	1	3	8	7	6	2	9	4
9	7	6	5	2	4	3	1	8
8	3	4	7	6	1	9	2	5
2	5	1	9	3	8	6	4	7

#298

9	7	8	6	1	3	2	4	5
3	5	2	4	9	7	8	1	6
6	4	1	5	2	8	3	9	7
4	2	5	9	7	6	1	3	8
7	3	6	1	8	4	9	5	2
1	8	9	2	3	5	7	6	4
8	1	4	3	6	2	5	7	9
2	6	3	7	5	9	4	8	1
5	9	7	8	4	1	6	2	3

#299

3	6	4	5	7	1	2	8	9
8	7	1	3	9	2	6	4	5
2	5	9	4	8	6	1	7	3
7	8	6	1	5	3	4	9	2
1	3	5	2	4	9	7	6	8
4	9	2	7	6	8	3	5	1
5	1	8	6	2	7	9	3	4
9	2	7	8	3	4	5	1	6
6	4	3	9	1	5	8	2	7

#300

9	2	4	1	8	3	7	5	6
7	6	3	5	9	4	1	8	2
8	5	1	2	7	6	3	4	9
2	9	7	8	3	5	4	6	1
3	4	8	7	6	1	2	9	5
5	1	6	4	2	9	8	3	7
1	7	9	3	5	8	6	2	4
6	8	2	9	4	7	5	1	3
4	3	5	6	1	2	9	7	8

#301

9	1	4	5	6	2	8	3	7
2	8	5	3	7	1	6	9	4
3	7	6	9	4	8	2	1	5
6	3	1	4	8	5	7	2	9
5	2	7	6	1	9	3	4	8
4	9	8	2	3	7	5	6	1
1	5	3	7	9	6	4	8	2
8	4	2	1	5	3	9	7	6
7	6	9	8	2	4	1	5	3

#302

5	8	9	4	6	2	3	7	1
1	2	7	3	9	5	6	4	8
6	3	4	1	7	8	5	2	9
7	5	6	9	3	4	8	1	2
4	9	2	8	1	6	7	5	3
8	1	3	5	2	7	4	9	6
9	7	8	2	4	3	1	6	5
3	4	1	6	5	9	2	8	7
2	6	5	7	8	1	9	3	4

#303

4	8	3	9	2	6	5	1	7
9	5	2	1	7	3	6	8	4
1	7	6	5	8	4	9	3	2
7	1	9	3	4	5	8	2	6
2	4	5	8	6	1	7	9	3
6	3	8	2	9	7	4	5	1
8	9	7	6	1	2	3	4	5
5	2	4	7	3	9	1	6	8
3	6	1	4	5	8	2	7	9

#304

3	5	8	7	9	2	1	4	6
1	2	4	5	6	8	3	9	7
7	9	6	1	4	3	8	5	2
4	1	2	3	7	6	5	8	9
5	7	3	9	8	4	6	2	1
8	6	9	2	5	1	7	3	4
2	8	7	6	3	9	4	1	5
9	4	5	8	1	7	2	6	3
6	3	1	4	2	5	9	7	8

#305

4	2	3	5	7	9	1	8	6
6	5	9	1	4	8	3	2	7
7	8	1	6	2	3	9	4	5
5	1	6	4	8	7	2	3	9
8	9	2	3	5	1	6	7	4
3	7	4	2	9	6	8	5	1
2	6	5	9	3	4	7	1	8
1	3	7	8	6	5	4	9	2
9	4	8	7	1	2	5	6	3

#306

4	1	2	6	5	7	9	8	3
3	9	6	4	8	1	2	7	5
8	7	5	2	9	3	4	6	1
6	4	9	3	2	5	7	1	8
1	5	3	7	4	8	6	9	2
2	8	7	9	1	6	3	5	4
5	2	4	1	7	9	8	3	6
7	6	8	5	3	4	1	2	9
9	3	1	8	6	2	5	4	7

#307

9	6	3	4	2	1	5	7	8
5	7	1	3	8	6	4	9	2
4	2	8	7	9	5	6	1	3
2	4	5	9	6	3	7	8	1
6	1	7	8	5	2	3	4	9
8	3	9	1	7	4	2	5	6
1	5	6	2	4	9	8	3	7
3	8	4	6	1	7	9	2	5
7	9	2	5	3	8	1	6	4

#308

9	4	5	2	3	8	7	1	6
2	3	6	7	5	1	4	9	8
8	1	7	6	4	9	5	3	2
4	5	8	3	1	2	6	7	9
6	2	9	5	7	4	1	8	3
3	7	1	8	9	6	2	5	4
1	9	3	4	6	7	8	2	5
5	8	4	1	2	3	9	6	7
7	6	2	9	8	5	3	4	1

#309

6	4	8	3	5	9	2	1	7
2	1	5	8	6	7	9	3	4
9	3	7	1	2	4	8	5	6
3	2	6	4	8	1	7	9	5
8	5	4	9	7	6	1	2	3
1	7	9	2	3	5	6	4	8
7	6	3	5	1	2	4	8	9
5	9	1	6	4	8	3	7	2
4	8	2	7	9	3	5	6	1

#310

9	1	8	6	3	2	7	4	5
4	2	5	1	8	7	6	3	9
3	6	7	4	5	9	8	2	1
1	9	2	3	4	6	5	8	7
5	3	6	7	9	8	2	1	4
8	7	4	2	1	5	9	6	3
6	4	9	5	2	1	3	7	8
7	8	3	9	6	4	1	5	2
2	5	1	8	7	3	4	9	6

#311

4	3	6	5	8	9	7	2	1
1	8	9	7	2	6	5	4	3
7	2	5	1	3	4	8	9	6
8	4	3	9	5	2	6	1	7
5	6	1	4	7	8	2	3	9
2	9	7	6	1	3	4	5	8
9	1	8	2	6	5	3	7	4
3	7	2	8	4	1	9	6	5
6	5	4	3	9	7	1	8	2

#312

8	9	4	2	7	5	6	1	3
5	3	2	6	1	9	4	7	8
7	1	6	3	8	4	2	5	9
4	8	5	1	9	7	3	2	6
9	2	1	5	6	3	8	4	7
3	6	7	4	2	8	1	9	5
6	4	3	7	5	2	9	8	1
1	5	9	8	4	6	7	3	2
2	7	8	9	3	1	5	6	4

#313

9	7	1	8	3	5	2	6	4
8	5	3	6	2	4	7	1	9
2	4	6	1	7	9	5	8	3
3	8	5	9	4	6	1	7	2
1	6	4	7	5	2	9	3	8
7	2	9	3	1	8	6	4	5
6	9	2	4	8	7	3	5	1
5	3	8	2	6	1	4	9	7
4	1	7	5	9	3	8	2	6

#314

8	1	9	4	7	3	2	6	5
3	5	6	1	8	2	4	7	9
7	4	2	9	6	5	8	3	1
6	8	3	5	9	4	7	1	2
9	7	4	6	2	1	5	8	3
1	2	5	7	3	8	9	4	6
2	9	7	8	1	6	3	5	4
4	3	1	2	5	7	6	9	8
5	6	8	3	4	9	1	2	7

#315

1	6	7	3	2	5	4	9	8
4	2	3	7	9	8	1	5	6
9	8	5	4	6	1	2	7	3
5	1	4	6	8	2	9	3	7
8	3	9	5	4	7	6	2	1
6	7	2	9	1	3	5	8	4
7	4	8	1	5	9	3	6	2
3	9	1	2	7	6	8	4	5
2	5	6	8	3	4	7	1	9

#316

7	8	2	3	6	9	1	4	5
5	4	3	1	2	7	6	9	8
9	1	6	4	8	5	3	7	2
3	2	7	5	9	6	8	1	4
4	6	9	2	1	8	5	3	7
1	5	8	7	3	4	2	6	9
2	7	4	6	5	3	9	8	1
6	9	5	8	7	1	4	2	3
8	3	1	9	4	2	7	5	6

#317

4	2	5	8	6	7	3	1	9
8	1	3	2	9	5	7	4	6
9	6	7	3	1	4	2	5	8
1	3	6	7	4	8	9	2	5
7	8	2	9	5	1	6	3	4
5	9	4	6	2	3	8	7	1
2	4	8	5	3	6	1	9	7
6	5	9	1	7	2	4	8	3
3	7	1	4	8	9	5	6	2

#318

7	3	1	5	8	6	2	4	9
4	9	5	2	1	3	7	6	8
8	6	2	4	7	9	3	1	5
1	5	3	7	4	8	6	9	2
2	8	9	3	6	1	5	7	4
6	7	4	9	2	5	1	8	3
3	4	8	6	5	7	9	2	1
5	1	6	8	9	2	4	3	7
9	2	7	1	3	4	8	5	6

#319

7	2	5	9	3	4	1	8	6
4	6	1	2	8	7	5	3	9
9	8	3	1	6	5	7	4	2
2	1	6	7	4	3	9	5	8
5	4	7	8	9	2	3	6	1
8	3	9	6	5	1	4	2	7
3	9	2	4	1	8	6	7	5
6	7	4	5	2	9	8	1	3
1	5	8	3	7	6	2	9	4

#320

1	9	8	3	2	5	7	4	6
2	6	4	8	9	7	5	3	1
7	3	5	4	6	1	9	2	8
9	2	6	5	3	4	1	8	7
5	4	1	9	7	8	3	6	2
3	8	7	2	1	6	4	5	9
4	5	9	7	8	2	6	1	3
8	1	3	6	5	9	2	7	4
6	7	2	1	4	3	8	9	5

#321

3	8	7	1	5	9	2	4	6
9	6	1	4	2	8	3	7	5
5	2	4	3	7	6	9	8	1
4	7	3	5	9	1	6	2	8
6	9	5	2	8	7	4	1	3
8	1	2	6	4	3	5	9	7
1	3	9	7	6	2	8	5	4
7	5	8	9	3	4	1	6	2
2	4	6	8	1	5	7	3	9

#322

9	8	6	7	4	1	2	3	5
2	4	5	6	3	8	1	9	7
7	1	3	5	9	2	4	6	8
1	2	8	9	5	7	3	4	6
6	5	9	3	8	4	7	1	2
4	3	7	1	2	6	8	5	9
8	6	4	2	1	9	5	7	3
3	7	1	8	6	5	9	2	4
5	9	2	4	7	3	6	8	1

#323

1	8	2	5	7	3	6	9	4
4	7	5	9	8	6	2	1	3
6	9	3	2	4	1	7	8	5
7	4	1	6	3	8	9	5	2
9	5	6	4	1	2	8	3	7
2	3	8	7	5	9	1	4	6
5	6	9	8	2	4	3	7	1
3	2	4	1	9	7	5	6	8
8	1	7	3	6	5	4	2	9

#324

6	9	2	7	4	1	5	3	8
5	7	4	8	9	3	1	6	2
8	1	3	2	6	5	7	4	9
9	2	1	4	7	8	3	5	6
3	4	6	1	5	9	8	2	7
7	8	5	3	2	6	4	9	1
1	6	8	5	3	2	9	7	4
2	3	7	9	1	4	6	8	5
4	5	9	6	8	7	2	1	3

#325

3	7	8	9	2	6	5	4	1
9	6	1	5	8	4	3	2	7
5	4	2	3	7	1	6	9	8
8	9	6	2	1	7	4	5	3
1	2	5	4	3	8	9	7	6
7	3	4	6	5	9	8	1	2
2	8	3	1	4	5	7	6	9
6	5	7	8	9	2	1	3	4
4	1	9	7	6	3	2	8	5

#326

7	2	4	1	9	8	6	3	5
5	8	1	3	2	6	9	7	4
9	3	6	5	4	7	8	1	2
1	5	2	8	6	4	3	9	7
6	4	9	7	3	1	2	5	8
8	7	3	2	5	9	4	6	1
2	1	8	6	7	3	5	4	9
4	6	5	9	1	2	7	8	3
3	9	7	4	8	5	1	2	6

#327

8	2	6	7	3	4	5	9	1
5	4	3	1	2	9	6	7	8
1	9	7	6	5	8	4	2	3
7	3	2	4	9	6	1	8	5
6	8	5	2	7	1	9	3	4
9	1	4	5	8	3	2	6	7
2	7	9	8	1	5	3	4	6
3	6	1	9	4	7	8	5	2
4	5	8	3	6	2	7	1	9

#328

8	9	4	3	6	2	7	5	1
2	1	3	4	5	7	9	6	8
6	7	5	1	9	8	2	4	3
4	8	6	2	1	9	5	3	7
3	2	7	8	4	5	6	1	9
1	5	9	7	3	6	4	8	2
5	6	1	9	2	3	8	7	4
7	4	2	5	8	1	3	9	6
9	3	8	6	7	4	1	2	5

#329

6	1	2	9	5	4	3	8	7
9	4	3	2	7	8	5	1	6
8	5	7	1	6	3	9	2	4
7	3	1	6	9	5	8	4	2
2	9	8	7	4	1	6	5	3
5	6	4	3	8	2	7	9	1
3	2	9	5	1	7	4	6	8
1	8	6	4	3	9	2	7	5
4	7	5	8	2	6	1	3	9

#330

3	6	7	4	2	5	9	8	1
4	9	2	7	8	1	5	3	6
5	1	8	6	3	9	2	7	4
9	8	4	3	1	2	6	5	7
1	2	5	9	6	7	3	4	8
6	7	3	5	4	8	1	9	2
8	5	6	1	7	3	4	2	9
2	4	9	8	5	6	7	1	3
7	3	1	2	9	4	8	6	5

#331

9	6	8	7	4	2	1	3	5
4	2	3	5	1	8	6	7	9
5	1	7	3	9	6	4	8	2
3	5	9	2	7	1	8	4	6
2	7	4	8	6	9	3	5	1
6	8	1	4	3	5	2	9	7
1	3	6	9	8	7	5	2	4
7	4	5	6	2	3	9	1	8
8	9	2	1	5	4	7	6	3

#332

6	2	4	3	5	8	7	1	9
3	5	7	1	9	2	6	8	4
8	9	1	4	6	7	3	5	2
9	7	5	6	2	3	8	4	1
1	4	6	9	8	5	2	3	7
2	8	3	7	4	1	9	6	5
4	6	2	5	3	9	1	7	8
7	3	9	8	1	4	5	2	6
5	1	8	2	7	6	4	9	3

#333

2	3	9	1	7	4	8	5	6
7	8	1	5	6	3	2	4	9
5	6	4	2	9	8	7	1	3
1	2	7	4	5	9	6	3	8
4	9	6	3	8	1	5	2	7
3	5	8	7	2	6	1	9	4
8	1	3	6	4	5	9	7	2
9	4	2	8	1	7	3	6	5
6	7	5	9	3	2	4	8	1

#334

2	9	8	7	3	5	1	6	4
5	6	4	2	1	9	7	3	8
3	7	1	8	6	4	2	5	9
9	8	5	1	7	2	3	4	6
6	4	2	9	5	3	8	1	7
7	1	3	6	4	8	9	2	5
4	3	9	5	2	7	6	8	1
8	5	6	3	9	1	4	7	2
1	2	7	4	8	6	5	9	3

#335

1	2	3	8	7	9	5	6	4
7	6	8	5	2	4	9	1	3
5	4	9	3	1	6	7	8	2
2	8	7	9	5	1	4	3	6
6	3	4	7	8	2	1	9	5
9	1	5	6	4	3	2	7	8
8	7	2	1	6	5	3	4	9
4	9	6	2	3	7	8	5	1
3	5	1	4	9	8	6	2	7

#336

2	5	6	7	9	1	8	4	3
7	3	8	6	5	4	1	9	2
9	4	1	3	8	2	5	6	7
6	7	4	5	2	8	9	3	1
3	9	5	1	6	7	2	8	4
1	8	2	4	3	9	7	5	6
5	1	7	9	4	6	3	2	8
4	2	9	8	1	3	6	7	5
8	6	3	2	7	5	4	1	9

#337

5	8	4	2	7	3	6	9	1
3	9	1	8	4	6	5	2	7
2	6	7	1	9	5	4	8	3
4	5	6	7	3	8	9	1	2
9	7	2	5	1	4	8	3	6
1	3	8	6	2	9	7	4	5
8	1	5	9	6	2	3	7	4
6	2	3	4	8	7	1	5	9
7	4	9	3	5	1	2	6	8

#338

9	1	6	2	8	4	3	7	5
2	8	7	1	3	5	6	9	4
4	5	3	6	7	9	2	1	8
3	9	4	8	6	7	5	2	1
1	7	5	4	2	3	8	6	9
8	6	2	9	5	1	4	3	7
7	4	8	3	1	6	9	5	2
6	2	1	5	9	8	7	4	3
5	3	9	7	4	2	1	8	6

#339

4	8	3	9	5	6	2	7	1
2	6	9	7	3	1	8	5	4
7	1	5	8	4	2	6	3	9
8	5	4	3	2	7	1	9	6
9	3	1	4	6	5	7	2	8
6	2	7	1	8	9	5	4	3
1	4	6	2	7	3	9	8	5
3	9	2	5	1	8	4	6	7
5	7	8	6	9	4	3	1	2

#340

8	2	3	4	1	9	7	5	6
1	6	5	8	7	2	3	4	9
7	9	4	5	3	6	1	8	2
3	1	7	2	5	4	9	6	8
5	4	6	9	8	1	2	3	7
9	8	2	3	6	7	5	1	4
4	3	9	6	2	5	8	7	1
6	7	8	1	9	3	4	2	5
2	5	1	7	4	8	6	9	3

#341

1	8	6	3	5	7	4	2	9
4	3	2	9	8	1	6	5	7
7	9	5	2	4	6	1	3	8
6	4	9	5	3	8	2	7	1
3	1	7	6	9	2	5	8	4
5	2	8	7	1	4	9	6	3
2	7	1	4	6	3	8	9	5
9	6	4	8	7	5	3	1	2
8	5	3	1	2	9	7	4	6

#342

7	9	6	8	1	4	2	5	3
3	2	4	7	5	9	6	8	1
5	8	1	2	3	6	4	7	9
9	1	2	4	6	5	8	3	7
6	5	7	9	8	3	1	2	4
4	3	8	1	2	7	9	6	5
2	7	3	6	9	1	5	4	8
8	4	9	5	7	2	3	1	6
1	6	5	3	4	8	7	9	2

#343

7	5	3	6	8	4	1	2	9
4	9	2	1	7	3	8	6	5
1	6	8	5	2	9	7	4	3
6	8	4	2	9	5	3	1	7
3	2	7	4	1	8	5	9	6
9	1	5	3	6	7	4	8	2
2	7	6	8	3	1	9	5	4
8	4	9	7	5	2	6	3	1
5	3	1	9	4	6	2	7	8

#344

2	4	6	7	1	5	8	3	9
8	9	5	3	4	6	1	2	7
7	3	1	8	2	9	4	5	6
3	1	2	9	8	4	7	6	5
6	8	9	5	7	1	3	4	2
4	5	7	2	6	3	9	8	1
9	6	3	1	5	8	2	7	4
5	7	8	4	9	2	6	1	3
1	2	4	6	3	7	5	9	8

#345

7	9	6	1	8	4	3	2	5
8	5	1	2	9	3	7	4	6
4	2	3	6	7	5	8	9	1
9	7	4	3	6	8	5	1	2
3	1	8	4	5	2	6	7	9
2	6	5	9	1	7	4	8	3
1	8	7	5	2	6	9	3	4
6	4	9	7	3	1	2	5	8
5	3	2	8	4	9	1	6	7

#346

7	4	8	3	6	5	9	1	2
6	2	5	1	8	9	3	7	4
9	1	3	7	4	2	5	8	6
1	8	2	6	9	3	7	4	5
5	9	6	4	2	7	1	3	8
3	7	4	5	1	8	6	2	9
8	5	9	2	7	1	4	6	3
2	6	1	9	3	4	8	5	7
4	3	7	8	5	6	2	9	1

#347

2	7	3	8	5	4	6	9	1
5	9	8	3	6	1	4	7	2
4	6	1	7	9	2	8	5	3
3	2	9	6	7	8	1	4	5
1	5	6	2	4	9	7	3	8
8	4	7	5	1	3	2	6	9
6	8	4	1	3	5	9	2	7
7	3	2	9	8	6	5	1	4
9	1	5	4	2	7	3	8	6

#348

5	1	7	2	6	3	4	9	8
6	8	3	4	7	9	5	1	2
4	9	2	1	5	8	6	3	7
3	5	8	6	9	7	1	2	4
9	7	4	8	1	2	3	6	5
2	6	1	5	3	4	7	8	9
8	4	5	3	2	1	9	7	6
1	2	9	7	4	6	8	5	3
7	3	6	9	8	5	2	4	1

#349

1	5	4	6	3	9	8	2	7
8	7	6	5	4	2	9	1	3
3	2	9	1	7	8	6	4	5
2	3	5	8	1	4	7	6	9
6	4	7	3	9	5	1	8	2
9	8	1	7	2	6	5	3	4
7	6	8	2	5	3	4	9	1
4	1	2	9	6	7	3	5	8
5	9	3	4	8	1	2	7	6

#350

8	2	1	7	4	3	5	6	9
9	7	4	6	1	5	8	3	2
5	6	3	8	2	9	1	4	7
7	8	9	1	3	4	2	5	6
4	5	6	9	8	2	3	7	1
1	3	2	5	7	6	4	9	8
6	4	7	2	5	1	9	8	3
2	9	5	3	6	8	7	1	4
3	1	8	4	9	7	6	2	5

#351

2	7	6	3	9	8	5	1	4
4	9	5	6	1	2	7	8	3
8	3	1	4	5	7	2	6	9
1	2	8	7	4	3	6	9	5
7	5	3	1	6	9	4	2	8
6	4	9	2	8	5	3	7	1
5	1	7	8	3	6	9	4	2
3	6	4	9	2	1	8	5	7
9	8	2	5	7	4	1	3	6

#352

3	5	7	4	8	9	1	2	6
9	4	6	1	2	7	8	5	3
2	1	8	3	6	5	4	9	7
5	3	1	7	9	6	2	8	4
8	6	4	2	5	1	7	3	9
7	9	2	8	3	4	5	6	1
1	8	5	9	4	3	6	7	2
6	7	3	5	1	2	9	4	8
4	2	9	6	7	8	3	1	5

#353

7	8	5	9	4	3	6	1	2
6	9	1	2	8	7	4	5	3
4	2	3	6	1	5	9	8	7
9	5	6	8	7	4	3	2	1
2	3	4	1	5	9	7	6	8
8	1	7	3	2	6	5	9	4
3	6	8	7	9	1	2	4	5
1	4	9	5	3	2	8	7	6
5	7	2	4	6	8	1	3	9

#354

5	9	2	3	6	4	1	7	8
1	4	8	2	7	9	3	5	6
6	3	7	5	1	8	9	2	4
4	6	5	7	3	2	8	1	9
8	1	3	9	5	6	2	4	7
7	2	9	8	4	1	6	3	5
2	7	4	6	9	3	5	8	1
3	5	6	1	8	7	4	9	2
9	8	1	4	2	5	7	6	3

#355

3	5	8	7	1	4	2	9	6
2	6	7	9	3	8	5	4	1
1	4	9	2	5	6	7	3	8
9	2	4	3	8	7	6	1	5
7	3	6	5	9	1	4	8	2
5	8	1	6	4	2	3	7	9
4	7	5	1	2	9	8	6	3
6	9	2	8	7	3	1	5	4
8	1	3	4	6	5	9	2	7

#356

5	3	4	1	6	7	2	9	8
6	2	1	8	9	4	7	3	5
9	7	8	3	5	2	4	1	6
8	6	2	7	4	3	9	5	1
4	5	3	9	8	1	6	7	2
1	9	7	6	2	5	3	8	4
3	8	5	2	7	6	1	4	9
7	4	6	5	1	9	8	2	3
2	1	9	4	3	8	5	6	7

#357

1	6	5	7	9	3	4	8	2
4	8	7	2	6	1	3	5	9
9	2	3	5	8	4	7	6	1
3	5	2	8	1	9	6	4	7
8	9	4	6	7	5	2	1	3
7	1	6	4	3	2	5	9	8
5	4	1	9	2	7	8	3	6
2	3	8	1	5	6	9	7	4
6	7	9	3	4	8	1	2	5

#358

1	9	8	7	6	2	3	5	4
3	2	6	4	9	5	8	1	7
4	5	7	8	1	3	6	9	2
6	1	9	3	5	7	4	2	8
8	3	4	1	2	6	9	7	5
2	7	5	9	8	4	1	3	6
5	8	3	6	7	1	2	4	9
7	6	1	2	4	9	5	8	3
9	4	2	5	3	8	7	6	1

#359

9	8	5	2	7	1	6	4	3
1	3	7	9	4	6	8	5	2
4	2	6	8	5	3	7	1	9
7	5	9	3	6	2	1	8	4
8	1	3	5	9	4	2	6	7
2	6	4	1	8	7	3	9	5
3	4	2	6	1	9	5	7	8
5	9	1	7	2	8	4	3	6
6	7	8	4	3	5	9	2	1

#360

9	7	1	6	8	2	3	5	4
8	6	5	3	4	9	1	7	2
3	4	2	7	1	5	6	9	8
6	9	8	5	2	1	7	4	3
7	1	3	8	6	4	5	2	9
5	2	4	9	7	3	8	1	6
4	8	6	2	5	7	9	3	1
1	5	9	4	3	8	2	6	7
2	3	7	1	9	6	4	8	5

#361

6	5	2	3	9	8	4	7	1
1	3	7	2	4	6	5	8	9
4	9	8	7	5	1	2	6	3
5	7	3	1	2	4	8	9	6
2	8	4	6	3	9	1	5	7
9	1	6	8	7	5	3	2	4
8	4	9	5	1	7	6	3	2
7	2	5	4	6	3	9	1	8
3	6	1	9	8	2	7	4	5

#362

5	7	9	1	6	4	2	3	8
8	3	6	2	7	5	1	4	9
4	1	2	3	9	8	5	7	6
7	8	5	4	2	9	6	1	3
1	6	3	5	8	7	4	9	2
2	9	4	6	3	1	8	5	7
9	2	1	7	5	6	3	8	4
6	5	7	8	4	3	9	2	1
3	4	8	9	1	2	7	6	5

#363

1	2	3	4	8	5	9	7	6
4	6	9	7	3	1	8	2	5
7	5	8	6	9	2	3	4	1
3	8	7	5	2	4	1	6	9
9	4	5	8	1	6	7	3	2
6	1	2	3	7	9	5	8	4
5	7	6	1	4	3	2	9	8
8	9	1	2	6	7	4	5	3
2	3	4	9	5	8	6	1	7

#364

6	4	9	8	5	1	3	7	2
8	7	2	3	4	9	1	5	6
5	3	1	7	6	2	9	4	8
3	1	7	4	8	6	5	2	9
4	5	8	2	9	7	6	1	3
2	9	6	1	3	5	7	8	4
1	6	5	9	2	8	4	3	7
9	8	4	5	7	3	2	6	1
7	2	3	6	1	4	8	9	5

#365

6	9	1	5	8	7	4	3	2
5	2	8	3	9	4	6	1	7
3	7	4	1	2	6	8	5	9
1	6	5	9	4	8	2	7	3
2	4	9	7	3	1	5	6	8
7	8	3	2	6	5	1	9	4
9	3	6	8	1	2	7	4	5
4	5	2	6	7	9	3	8	1
8	1	7	4	5	3	9	2	6

#366

2	5	3	7	9	1	4	6	8
7	1	8	4	6	3	9	5	2
9	6	4	5	2	8	7	1	3
6	9	5	2	4	7	3	8	1
3	2	7	1	8	5	6	4	9
4	8	1	6	3	9	2	7	5
5	7	6	3	1	2	8	9	4
8	4	2	9	5	6	1	3	7
1	3	9	8	7	4	5	2	6

#367

1	3	5	6	9	7	8	2	4
8	4	7	3	2	1	6	9	5
2	9	6	8	4	5	1	7	3
7	6	3	1	8	9	4	5	2
4	8	9	2	5	6	7	3	1
5	1	2	7	3	4	9	8	6
6	5	8	4	7	3	2	1	9
9	2	1	5	6	8	3	4	7
3	7	4	9	1	2	5	6	8

#368

2	5	7	6	9	4	8	3	1
3	8	6	5	2	1	4	9	7
9	1	4	8	7	3	2	6	5
8	7	3	9	4	5	1	2	6
1	2	9	7	3	6	5	4	8
6	4	5	2	1	8	9	7	3
4	3	2	1	8	7	6	5	9
5	9	8	3	6	2	7	1	4
7	6	1	4	5	9	3	8	2

#369

5	9	3	2	8	4	6	1	7
6	4	1	3	7	9	8	2	5
8	2	7	5	6	1	3	4	9
3	7	4	6	1	2	9	5	8
9	8	6	7	4	5	2	3	1
2	1	5	8	9	3	7	6	4
7	5	2	4	3	8	1	9	6
4	6	9	1	2	7	5	8	3
1	3	8	9	5	6	4	7	2

#370

4	9	3	8	5	7	2	6	1
6	7	2	1	3	4	9	8	5
5	8	1	2	9	6	7	4	3
7	5	4	9	6	3	1	2	8
1	3	6	7	8	2	5	9	4
8	2	9	5	4	1	6	3	7
2	6	8	3	7	5	4	1	9
9	4	7	6	1	8	3	5	2
3	1	5	4	2	9	8	7	6

#371

9	5	6	1	3	2	8	7	4
4	3	1	7	8	5	6	9	2
7	2	8	4	9	6	1	3	5
2	4	3	8	6	9	7	5	1
8	7	5	2	1	4	9	6	3
6	1	9	5	7	3	2	4	8
5	6	7	3	2	8	4	1	9
1	8	4	9	5	7	3	2	6
3	9	2	6	4	1	5	8	7

#372

3	6	5	7	4	9	8	2	1
8	1	7	5	6	2	9	3	4
4	9	2	8	1	3	6	7	5
1	7	4	9	5	8	3	6	2
9	2	3	4	7	6	1	5	8
5	8	6	2	3	1	7	4	9
6	4	9	1	2	7	5	8	3
2	3	8	6	9	5	4	1	7
7	5	1	3	8	4	2	9	6

#373

2	4	1	5	9	8	7	6	3
8	9	3	7	2	6	4	1	5
6	7	5	4	3	1	2	9	8
9	5	2	1	7	4	8	3	6
7	1	8	2	6	3	5	4	9
4	3	6	9	8	5	1	2	7
5	6	4	8	1	9	3	7	2
3	8	7	6	4	2	9	5	1
1	2	9	3	5	7	6	8	4

#374

6	3	5	1	8	2	9	7	4
9	4	8	7	5	3	2	1	6
1	2	7	6	9	4	3	5	8
3	7	4	8	6	9	5	2	1
2	5	9	3	4	1	6	8	7
8	6	1	2	7	5	4	3	9
4	9	3	5	1	7	8	6	2
5	1	6	9	2	8	7	4	3
7	8	2	4	3	6	1	9	5

#375

2	1	8	7	4	6	9	3	5
5	7	9	8	2	3	1	4	6
4	6	3	5	9	1	8	2	7
7	2	4	3	6	9	5	1	8
9	3	5	2	1	8	7	6	4
6	8	1	4	7	5	2	9	3
1	5	2	6	3	7	4	8	9
8	4	6	9	5	2	3	7	1
3	9	7	1	8	4	6	5	2

#376

4	1	2	8	5	3	7	6	9
5	7	3	9	1	6	4	2	8
8	6	9	7	4	2	1	5	3
9	3	8	1	6	5	2	7	4
7	2	6	3	8	4	9	1	5
1	5	4	2	9	7	3	8	6
3	4	7	6	2	8	5	9	1
2	8	1	5	3	9	6	4	7
6	9	5	4	7	1	8	3	2

#377

2	1	6	4	5	3	7	8	9
8	4	7	6	9	2	1	5	3
3	9	5	1	8	7	6	2	4
6	8	3	7	4	9	5	1	2
1	2	4	5	6	8	9	3	7
7	5	9	2	3	1	8	4	6
4	6	1	9	2	5	3	7	8
5	3	2	8	7	6	4	9	1
9	7	8	3	1	4	2	6	5

#378

6	7	3	9	8	1	5	4	2
9	5	8	2	6	4	1	3	7
4	1	2	3	5	7	8	9	6
3	9	4	6	1	5	2	7	8
5	8	1	7	9	2	3	6	4
7	2	6	4	3	8	9	1	5
2	3	9	5	7	6	4	8	1
8	6	5	1	4	9	7	2	3
1	4	7	8	2	3	6	5	9

#379

3	4	6	1	2	7	9	8	5
2	5	7	9	8	3	6	1	4
8	1	9	5	6	4	7	3	2
6	8	1	4	9	5	3	2	7
5	3	2	6	7	1	4	9	8
7	9	4	8	3	2	1	5	6
4	2	5	3	1	6	8	7	9
1	6	8	7	5	9	2	4	3
9	7	3	2	4	8	5	6	1

#380

8	2	4	9	5	1	3	6	7
7	9	5	3	4	6	1	2	8
1	3	6	7	8	2	5	9	4
9	6	8	1	3	4	2	7	5
2	1	7	5	6	8	9	4	3
4	5	3	2	7	9	6	8	1
3	8	9	6	1	7	4	5	2
5	7	2	4	9	3	8	1	6
6	4	1	8	2	5	7	3	9

#381

4	9	6	8	3	5	7	2	1
2	5	1	7	4	9	8	6	3
8	7	3	6	2	1	5	9	4
5	1	2	9	7	8	3	4	6
9	6	8	3	1	4	2	5	7
7	3	4	2	5	6	1	8	9
6	8	7	1	9	2	4	3	5
1	2	5	4	6	3	9	7	8
3	4	9	5	8	7	6	1	2

#382

3	1	9	6	5	2	4	8	7
5	8	2	3	4	7	1	6	9
4	6	7	1	9	8	3	2	5
2	4	8	9	7	6	5	3	1
6	3	1	5	2	4	7	9	8
7	9	5	8	3	1	2	4	6
1	5	4	2	8	9	6	7	3
8	2	6	7	1	3	9	5	4
9	7	3	4	6	5	8	1	2

#383

5	1	8	3	9	6	7	4	2
7	2	3	4	1	8	5	9	6
4	9	6	5	2	7	8	3	1
6	7	4	8	5	1	9	2	3
3	8	9	7	4	2	6	1	5
2	5	1	6	3	9	4	7	8
9	6	2	1	7	5	3	8	4
1	3	5	9	8	4	2	6	7
8	4	7	2	6	3	1	5	9

#384

9	4	5	7	8	1	3	2	6
1	2	8	6	3	5	7	4	9
7	6	3	9	2	4	5	1	8
3	8	4	5	6	2	1	9	7
2	9	7	1	4	8	6	5	3
5	1	6	3	7	9	4	8	2
8	3	1	2	5	6	9	7	4
4	7	9	8	1	3	2	6	5
6	5	2	4	9	7	8	3	1

#385

9	1	6	5	3	2	8	4	7
2	7	4	6	8	9	3	5	1
8	3	5	7	1	4	9	6	2
4	5	9	2	7	3	6	1	8
3	2	8	4	6	1	7	9	5
1	6	7	9	5	8	2	3	4
5	4	3	8	9	7	1	2	6
7	9	2	1	4	6	5	8	3
6	8	1	3	2	5	4	7	9

#386

3	2	9	8	5	6	4	1	7
8	7	1	4	2	9	3	5	6
6	5	4	1	7	3	9	2	8
1	4	5	6	3	8	2	7	9
2	6	7	9	1	5	8	4	3
9	8	3	7	4	2	5	6	1
5	9	8	2	6	1	7	3	4
4	1	2	3	8	7	6	9	5
7	3	6	5	9	4	1	8	2

#387

7	8	2	6	3	9	4	5	1
5	3	6	2	4	1	9	7	8
4	9	1	7	5	8	6	3	2
9	7	3	5	1	2	8	6	4
1	2	8	4	6	3	7	9	5
6	5	4	9	8	7	1	2	3
2	1	9	3	7	4	5	8	6
8	6	7	1	2	5	3	4	9
3	4	5	8	9	6	2	1	7

#388

1	3	8	2	6	4	9	7	5
7	2	9	8	3	5	1	6	4
6	4	5	1	7	9	2	3	8
4	8	3	6	5	2	7	9	1
2	5	7	9	1	3	4	8	6
9	1	6	4	8	7	5	2	3
8	6	2	7	4	1	3	5	9
5	7	4	3	9	6	8	1	2
3	9	1	5	2	8	6	4	7

#389

4	6	9	2	8	3	5	1	7
5	2	8	4	7	1	3	6	9
3	7	1	6	5	9	2	4	8
6	3	4	9	2	5	8	7	1
1	9	7	3	6	8	4	5	2
2	8	5	1	4	7	6	9	3
9	5	6	7	3	2	1	8	4
7	4	2	8	1	6	9	3	5
8	1	3	5	9	4	7	2	6

#390

8	6	9	4	1	5	7	2	3
1	3	4	6	2	7	9	8	5
2	7	5	3	8	9	1	4	6
4	2	7	9	5	8	6	3	1
3	9	8	1	6	2	4	5	7
5	1	6	7	3	4	2	9	8
6	4	1	8	9	3	5	7	2
9	8	2	5	7	6	3	1	4
7	5	3	2	4	1	8	6	9

#391

1	9	2	7	8	5	4	3	6
5	8	7	6	4	3	2	9	1
4	6	3	1	9	2	7	8	5
3	4	1	5	6	8	9	7	2
8	7	6	9	2	4	5	1	3
2	5	9	3	7	1	6	4	8
7	1	5	4	3	6	8	2	9
9	3	8	2	5	7	1	6	4
6	2	4	8	1	9	3	5	7

#392

2	5	6	8	3	9	1	4	7
4	7	3	1	2	6	8	9	5
8	9	1	5	7	4	3	2	6
5	6	2	3	4	7	9	8	1
7	3	4	9	8	1	6	5	2
1	8	9	2	6	5	4	7	3
3	2	5	4	1	8	7	6	9
6	1	8	7	9	2	5	3	4
9	4	7	6	5	3	2	1	8

#393

7	8	2	1	3	5	6	4	9
1	5	9	6	4	2	3	8	7
3	4	6	9	7	8	2	1	5
8	7	5	4	1	6	9	2	3
2	1	3	7	8	9	4	5	6
9	6	4	5	2	3	8	7	1
6	9	8	2	5	7	1	3	4
4	3	7	8	9	1	5	6	2
5	2	1	3	6	4	7	9	8

#394

1	3	8	7	6	2	5	9	4
4	7	5	9	1	3	6	8	2
9	6	2	5	4	8	1	7	3
5	9	1	2	8	4	3	6	7
3	4	7	6	5	9	2	1	8
2	8	6	3	7	1	9	4	5
6	5	4	1	2	7	8	3	9
7	2	3	8	9	6	4	5	1
8	1	9	4	3	5	7	2	6

#395

9	4	7	3	8	5	6	1	2
3	5	2	6	1	4	9	7	8
1	8	6	9	7	2	5	3	4
8	6	5	7	3	9	2	4	1
7	1	9	2	4	8	3	6	5
4	2	3	5	6	1	8	9	7
6	9	8	1	5	7	4	2	3
5	3	1	4	2	6	7	8	9
2	7	4	8	9	3	1	5	6

#396

7	6	1	8	9	3	2	5	4
9	5	8	2	7	4	3	1	6
2	3	4	6	1	5	9	8	7
5	1	9	7	3	8	4	6	2
8	2	7	9	4	6	1	3	5
6	4	3	5	2	1	8	7	9
1	9	2	3	6	7	5	4	8
3	7	5	4	8	9	6	2	1
4	8	6	1	5	2	7	9	3

#397

8	2	6	3	4	5	7	1	9
1	5	4	8	7	9	3	6	2
9	7	3	2	1	6	5	8	4
2	3	7	1	6	8	4	9	5
6	8	9	7	5	4	1	2	3
4	1	5	9	3	2	8	7	6
7	4	8	6	2	3	9	5	1
3	9	2	5	8	1	6	4	7
5	6	1	4	9	7	2	3	8

#398

3	9	5	6	2	1	4	7	8
1	8	2	4	7	3	9	5	6
6	7	4	9	5	8	1	2	3
8	5	1	7	6	2	3	4	9
7	4	9	3	1	5	6	8	2
2	6	3	8	9	4	5	1	7
9	1	8	2	4	6	7	3	5
4	2	6	5	3	7	8	9	1
5	3	7	1	8	9	2	6	4

#399

7	5	9	6	1	2	4	3	8
1	4	2	8	3	5	9	6	7
3	6	8	9	4	7	5	2	1
8	2	5	1	7	4	6	9	3
6	1	4	3	8	9	7	5	2
9	3	7	5	2	6	1	8	4
4	8	6	7	5	3	2	1	9
2	9	1	4	6	8	3	7	5
5	7	3	2	9	1	8	4	6

#400

5	7	9	3	6	4	8	1	2
8	3	1	2	9	5	6	4	7
2	4	6	7	1	8	3	9	5
1	9	3	6	5	2	4	7	8
6	8	2	1	4	7	9	5	3
7	5	4	9	8	3	1	2	6
3	1	8	5	7	9	2	6	4
9	2	5	4	3	6	7	8	1
4	6	7	8	2	1	5	3	9

#401

9	5	1	2	6	4	7	3	8
7	3	2	1	8	5	9	4	6
4	6	8	3	7	9	1	2	5
1	4	5	8	3	6	2	9	7
8	2	9	7	5	1	3	6	4
3	7	6	9	4	2	8	5	1
2	8	4	6	9	7	5	1	3
6	1	3	5	2	8	4	7	9
5	9	7	4	1	3	6	8	2

#402

9	5	6	7	4	8	3	1	2
4	2	8	1	5	3	6	9	7
3	7	1	6	2	9	8	5	4
6	4	3	5	1	2	9	7	8
1	8	7	9	6	4	2	3	5
2	9	5	3	8	7	4	6	1
7	6	4	8	3	5	1	2	9
5	1	2	4	9	6	7	8	3
8	3	9	2	7	1	5	4	6

www.ingramcontent.com/pod-product-compliance
Lightning Source LLC
Chambersburg PA
CBHW082211220526
45470CB00010B/3124

* 9 7 9 8 3 2 5 4 1 6 8 5 9 *